Christoph Tiemann

Aus der Reihe: e-fellows.net stipendiaten-wissen

e-fellows.net (Hrsg.)

Band 706

Kalkulation von Prämien

GRIN Verlag

Bibliografische Information der Deutschen Nationalbibliothek:

Die Deutsche Bibliothek verzeichnet diese Publikation in der Deutschen Nationalbibliografie; detaillierte bibliografische Daten sind im Internet über http://dnb.d-nb.de/ abrufbar.

Impressum:

Druck und Bindung: Books on Demand GmbH, Norderstedt Germany
ISBN: 978-3-656-42386-7

Dieses Buch bei GRIN:

http://www.grin.com/de/e-book/213882/kalkulation-von-praemien

Bachelorarbeit

Kalkulation von Prämien

Christoph Tiemann

30.07.2012

Fakultät für Mathematik

Karlsruher Institut für Technologie

Inhaltsverzeichnis

1 Einleitung

Diese Arbeit behandelt die Kalkulation von Prämien bezogen auf das Versicherungswesen - ein Thema von großer Bedeutung. Einerseits muss sichergestellt werden, dass die Versicherungsunternehmen durch hinreichend hohe Prämien in der Lage sind, ihre Leistungsversprechen gegenüber den Versicherungsnehmern im Rahmen der Versicherungsverträge mit an Sicherheit grenzender Wahrscheinlichkeit einzuhalten. Andererseits sollte die Kalkulation von Prämien "fair" erfolgen, so dass jeder Versicherungsnehmer gemäß des Risikos seiner zu versichernden zufälligen zukünftigen Schadenhöhen bewertet wird und die Prämie nicht unangemessen oder ungerechtfertigt hoch festgesetzt wird.

Hierzu werden wir im Folgenden von einem Versicherungsunternehmen ausgehen, welches ein oder mehrere Risiken versichert und für jedes Risiko als auch einen Bestand von Risiken eine Prämie bestimmen will.

Da sich die Prämien in der Lebensversicherung auf Basis von finanzmathematischen und biometrischen Rechnungsgrundlagen ergeben (siehe hierzu [10, Kapitel 5]), welche nicht das Thema dieser Arbeit sind, werden wir uns auf die Schadenversicherung in allgemeiner Form beschränken. Hierbei nehmen wir an, dass die zu versichernden Risiken durch die zufälligen zukünftigen Schadenhöhen bestimmt sind.

Es gibt viele verschiedene Konzepte, Prämien im Schadenversicherungswesen zu kalkulieren. Eines dieser Konzepte ist die Verwendung von sogenannten *Prämienprinzipien*, womit sich diese Arbeit beschäftigt.

Eine wichtige Forderung besteht hierbei darin, dass die nach einem Prämienprinzip kalkulierte Prämie nur von der Verteilung der Schadenhöhen des Risikos abhängt, nicht jedoch von der gemeinsamen Verteilung der Schadenhöhen mehrerer Risiken.

Wenn wir von Prämie reden, ist immer die *Risikoprämie* gemeint, die von der *Bruttoprämie* zu unterscheiden ist. Im Gegensatz zur Risikoprämie werden in die Bruttoprämie Zuschläge für Gewinn und Betriebskosten sowie ein Abschlag für Erträge aus Kapitalanlagen mit einbezogen.

Die dann tatsächlich in der Praxis geforderte Prämie hängt noch von weiteren Größen ab wie zum Beispiel der Größe des Versicherers, da dadurch ein besserer oder schlechterer Ausgleich im Kollektiv erzielt werden kann (dies wird in Kapitel 6 klarer), den Marktdaten wie beispielsweise dem Zins, der Nachfrage oder den Preisen der Konkurrenz, oder den eigenen strategischen Zielen (siehe hierzu auch [5, Seite 89]).

Bevor wir in die Materie einsteigen, möchte ich nun noch einen kurzen Überblick über die einzelnen Kapitel geben:

Zunächst werden wir in Kapitel 2 Prämienprinzipien und einige andere wichtige Begriffe mathematisch präzisieren und im Anschluss gewünschte Eigenschaften von Prämienprinzipien kennenlernen. Schließlich werden wir zwei grundlegende Prämienprinzipien vorstellen und hinsichtlich ihrer Eigenschaften untersuchen.
In Kapitel 3 betrachten wir *explizite Prämienprinzipien*, die dadurch charakterisiert sind, dass sie für jedes Risiko die Prämie explizit durch eine Funktion der Erwartungswerte bestimmter Funktionen des Risikos festsetzen. Wir werden hierbei viele verschiedene Prämienprinzipien und ihre Eigenschaften kennenlernen.
In Kapitel 4 befassen wir uns mit dem Zusammenhang von Prämienprinzipien und Verlustfunktionen. Wir werden sehen, wie sich einige der bis dahin vorgestellten Prämienprinzipien durch das Minimieren einer Verlustfunktion begründen lassen.
In Kapitel 5 beschäftigen wir uns mit Nutzenfunktionen und deren Anwendung im *Nullnutzenprinzip*, um Prämien festzusetzen. Mithilfe einiger Definitionen und Sätze werden wir das Nullnutzen-Prinzip hinsichtlich einer gewünschten Eigenschaft untersuchen und im Zusammenhang mit Nutzenfunktionen das *Arrow-Pratt-Maß* betrachten.
Schließlich behandelt Kapitel 6 die Aufteilung der Prämie, es wird nun ein Bestand von Risiken betrachtet. Hierzu werden wir weitere Eigenschaften von Prämienprinzipien kennenlernen, wobei der *Ausgleich im Kollektiv* äußerst wünschenswert ist. Wir werden beispielhaft sehen, wie sich die Prämie für einen Bestand auf die einzelnen Risiken aufteilen lässt und dieses Vorgehen im Zuge des *Kovarianz-Prinzips* verallgemeinern.

Diese Arbeit orientiert sich im Wesentlichen an [10, Kapitel 10]. Die Stellen, die inhaltlich nicht aus [10, Kapitel 10], sondern einer anderen Quelle übernommen sind, habe ich als solche kenntlich gemacht.

2 Prämienprinzipien

Bevor ich die grundlegenden Begriffe *Prämienprinzip, Risikoprämie, Nettoprämie* und *Sicherheitszuschlag* mathematisch präzisiere, sollten zuerst einige grundlegende Mengen eingeführt werden. Dies führt auf folgende Definitionen:

Definition 2.1. $\mathcal{L}^0(\mathbb{R})$ heißt die Menge aller diskreten Zufallsvariablen $X : \Omega \longrightarrow \mathbb{R}$.
$\mathcal{L}^0(\mathbb{R}_+) := \{X \in \mathcal{L}^0(\mathbb{R}) | X(\Omega) \subseteq \mathbb{R}_+\}$
$\mathcal{L}^1(\mathbb{R}) := \{X \in \mathcal{L}^0(\mathbb{R}) | E[|X|] < \infty\}$, $\mathcal{L}^1(\mathbb{R}_+) := \{X \in \mathcal{L}^0(\mathbb{R}_+) | E[|X|] < \infty\}$
und allgemeiner für $k \in \mathbb{N}$
$\mathcal{L}^k(\mathbb{R}) := \{X \in \mathcal{L}^0(\mathbb{R}) | E[|X|^k] < \infty\}$, $\mathcal{L}^k(\mathbb{R}_+) := \{X \in \mathcal{L}^0(\mathbb{R}_+) | E[|X|^k] < \infty\}$

Definition 2.2. Eine Abbildung $H : \mathcal{L}^H \longrightarrow \mathbb{R}_+$, wobei $\mathcal{L}^H \subseteq \mathcal{L}^1(\mathbb{R}_+)$, heißt *Prämienprinzip*, wenn sie die folgenden drei Bedingungen erfüllt:
(i) $P_X = P_Y \implies H(X) = H(Y)$ für alle $X, Y \in \mathcal{L}^H$.
(ii) $E[X] \leq H(X)$ für alle $X \in \mathcal{L}^H$.
(iii) $P(\{X > H(X)\}) > 0$ für alle $X \in \mathcal{L}^H$.
$\mathcal{L}^H$ nennt man die Klasse der unter dem Prämienprinzip H versicherbaren Risiken.

Definition 2.3. $H(X)$ heißt die *Risikoprämie* bezüglich eines *Risikos* $X \in \mathcal{L}^H$. Im Folgenden wird sie kurz als *Prämie* bezeichnet.
$E[X]$ heißt die *Nettoprämie* bezüglich eines Risikos $X \in \mathcal{L}^H$.
$H(X) - E[X]$ heißt der *Sicherheitszuschlag* bezüglich eines Risikos $X \in \mathcal{L}^H$.

Definition 2.4. Sei c der Sicherheitszuschlag und
$E[X] + c$ die Prämie für das Risiko X.
Dann heißt das Ereignis $\{X > E[X] + c\}$ *Ruin* unter dem Sicherheitszuschlag c.
$P(\{X > E[X] + c\}]$ bezeichnet die *Wahrscheinlichkeit des Ruins.*

Dass die Forderungen an ein Prämienprinzip sinnvoll sind, zeigt die Interpretation im Versicherungskontext.
Dabei bedeutet die erste Bedingung, dass für Risiken mit gleicher Verteilung der Schadenhöhen auch die gleiche Prämie festgelegt wird.
Weiterhin besagt die zweite Bedingung, dass für jedes Risiko die Prämie mindestens so groß wie die Nettoprämie ist; man erhebt also einen positiven Sicherheitszuschlag. Diese Forderung ist wichtig, da im Fall $H(X) < E[X]$ für alle $X \in \mathcal{L}^H$ die Wahrscheinlichkeit des Ruins im individuellen Modell für einen homogenem Bestand (X_i sind unabhängig identisch verteilt) aufgrund des starken Gesetz der großen Zahlen fast sicher gegen 1

konvergieren würde.
Die dritte Bedingung fordert, dass die Schadenhöhe jedes Risikos mit strikt positiver Wahrscheinlichkeit größer als die Prämie ist und stellt somit sicher, dass das Versicherungsunternehmen keinen sicheren Gewinn erzielen kann. Daher nennt man diese Forderung auch *no-arbitrage Bedingung.*

Satz 2.5. *Ein konstantes Risiko lässt sich unter keinem Prämienprinzip versichern.*

Diese Aussage lässt sich durch einen einfachen Widerspruchsbeweis zeigen.

Beweis. Sei $X \in \mathcal{L}^0(\mathbb{R}_+)$ eine konstante Zufallsvariable und $H : \mathcal{L}^H \longrightarrow \mathbb{R}_+$ ein beliebiges Prämienprinzip.
Da X konstant ist folgt $X \in \mathcal{L}^1(\mathbb{R}_+)$, es existiert also das erste Moment und weiterhin folgt aus der Konstanz $P(\{X = E[X]\}) = 1$.
Nach Forderung (iii) an ein Prämienprinzip gilt nun
$0 < P(\{X > H(X)\}) = P(\{E[X] > H(X)\})$, was jedoch offensichtlich im Widerspruch zu Forderung (ii) an ein Prämienprinzip, nämlich $E[X] \leq H(X)$, steht.
$\Longrightarrow X \notin \mathcal{L}^H$. □

Dieses Ergebnis ist belanglos für die Praxis, da es keinen Sinn macht, Risiken mit deterministischer bekannter Schadenhöhe zu versichern.

Der folgende Satz ergibt sich als eine direkte Folgerung aus Satz 2.5:

Satz 2.6. *Sei X die Schadenhöhe eines unter einem beliebigen Prämienprinzip versicherbaren Risikos. Dann gilt: $E[X] > 0$ und $\mathbb{V}ar(X) > 0$.*

Beweis. Sei $H : \mathcal{L}^H \longrightarrow \mathbb{R}_+$ ein beliebiges Prämienprinzip und $X \in \mathcal{L}^H$. Da $\mathcal{L}^H \subseteq \mathcal{L}^1(\mathbb{R}_+)$ gefordert ist, gilt $X \in \mathcal{L}^1(\mathbb{R}_+)$ und damit $E[X] \geq 0$. Es existiert also insbesondere $\mathbb{V}ar(X)$ und diese darf nicht gleich 0 sein, da X in diesem Fall konstant wäre und nach Satz 2.6 unter keinem Prämienprinzip versicherbar. Aus dem gleichen Grund darf $E[X]$ nicht gleich 0 sein, da in diesem Fall aufgrund von $X \in \mathcal{L}^1(\mathbb{R}_+)$ $P(\{X = 0\}) = 1$ folgt und somit $\mathbb{V}ar(X) = 0$. Insgesamt folgt also $E[X] > 0$ und $\mathbb{V}ar(X) > 0$ □

2.1 Eigenschaften von Prämienprinzipien

Um im Anschluss Eigenschaften von Prämienprinzipien zu definieren, benötigen wir zuerst die Begriffe der *stochastischen Ordnung* und der *stop-loss Ordnung*, welche in der Versicherungsmathematik eine bedeutende Rolle zum Vergleich von Risiken spielen (siehe [10, Kapitel 9]).

Definition 2.7. $\mathcal{L}^0(\mathbb{N}_0) := \{X \in \mathcal{L}^0(\mathbb{R}) | X(\Omega) \subseteq \mathbb{N}_0\}$
Seien $X, Y \in \mathcal{L}^0(\mathbb{N}_0)$. Wir schreiben $X \leq^0 Y$, falls $P(\{X > a\}) \leq P(\{Y > a\})$ für alle $a \in \mathbb{R}$. $\leq^0$ heißt *stochastische Ordnung.*

Da man Risiken mit gleichem Erwartungswert jedoch unterschiedlicher Verteilung nicht durch die stochastische Ordnung vergleichen kann, betrachtet man oft auch die stop-loss Ordnung, welche diese Eigenschaft aufweist.

Definition 2.8. $\mathcal{L}^1(\mathbb{N}_0) := \{X \in \mathcal{L}^1(\mathbb{R}) | X(\Omega) \subseteq \mathbb{N}_0\}$
Seien $X, Y \in \mathcal{L}^1(\mathbb{N}_0)$. Wir schreiben $X \leq^1 Y$, falls $E[(X - a)^+] \leq E[(Y - a)^+]$ für alle $a \in \mathbb{R}$. $\leq^1$ heißt *stop-loss Ordnung.*

Bemerkung 1. Es gilt $X \leq^0 Y \implies X \leq^1 Y$

Bevor wir uns mit den unterschiedlichen Möglichkeiten, ein Prämienprinzip zu definieren, beschäftigen, sollte zunächst geklärt werden, welche Eigenschaften für ein Prämienprinzip wünschenswert sind. Dies führt auf die Definition der folgenden vier Eigenschaften:

Definition 2.9. Ein Prämienprinzip $H : \mathcal{L}^H \longrightarrow \mathbb{R}_+$ heißt
(i) *positiv homogen* , falls $H(cX) = cH(X)$ für alle $X \in \mathcal{L}^H$ und alle $c \in (0, \infty)$ mit $cX \in \mathcal{L}^H$.
(ii) *proportional* , falls $H(cX) = cH(X)$ für alle $X \in \mathcal{L}^H$ und alle $c \in (0, 1)$ mit $cX \in \mathcal{L}^H$.
(iii) *isoton bezüglich der stochastischen Ordnung* , falls $H(X) \leq H(Y)$ für alle $X, Y \in \mathcal{L}^H$ mit $X, Y \in \mathcal{L}^0(\mathbb{N}_0)$ und $X \leq^0 Y$.
(iv) *isoton bezüglich der stop-loss Ordnung* , falls $H(X) \leq H(Y)$ für alle $X, Y \in \mathcal{L}^H$ mit $X, Y \in \mathcal{L}^1(\mathbb{N}_0)$ und $X \leq^1 Y$.

Bemerkung 2. Warum sind diese Eigenschaften an ein Prämienprinzip von Interesse?
zu (i): Aus folgendem Grund ist die Forderung nach der positiven Homogenität sinnvoll: das Verhältnis von Risiko zu Prämie sollte unabhängig von der verwendeten Geldeinheit sein. Beispielsweise sollten bei einem Wechsel der Währung Risiken und Prämien mit dem gleichen Faktor umgerechnet werden.
zu (i)/(ii): Aus der positiven Homogenität eines Prämienprinzips folgt die Proportionalität eines Prämienprinzips. (i) ist also die stärke Forderung.
zu (ii): Die Eigenschaft der Proportionalität ist bei proportionalen Rückversicherungen,

insbesondere der Quoten-Rückversicherung, von Bedeutung, da hierbei der Rückversicherer mit einer *allgemeinen Quote* $q \in (0,1)$ am Bestand an Risiken zwischen Erst- und Rückversicherer beteiligt ist (vergleiche [10, Kapitel 8]).
zu (iii)/(iv): Isotonie eines Prämienprinzips bezüglich der stochastischen Ordnung sowie der stop-loss Ordnung ist wünschenswert, weil beide Ordnungsrelationen zum Vergleich von Risiken hinsichtlich ihrer Gefährlichkeit eingesetzt werden und für ein gefährlicheres Risiko auch eine höhere Prämie festgesetzt werden sollte.
zu (iii)/(iv): Prämienprinzip H ist isoton bezüglich der stop-loss Ordnung
$\Longrightarrow$ H ist isoton bezüglich der stochastischen Ordnung.
Dies folgt aus Bemerkung 1

Satz 2.10. *Ein Prämienprinzip $H : \mathcal{L}^H \longrightarrow \mathbb{R}_+$ ist positiv homogen $\Leftrightarrow$ $H(cX) \leq cH(X)$ für alle $X \in \mathcal{L}^H$ und für alle $c \in (0,\infty)$ mit $cX \in \mathcal{L}^H$.*

Beweis. " $\Rightarrow$ " : Sei $H : \mathcal{L}^H \longrightarrow \mathbb{R}_+$ ein positiv homogenes Prämienprinzip. Daraus folgt $H(cX) = cH(X)$ für alle $X \in \mathcal{L}^H$ und für alle $c \in (0,\infty)$ mit $cX \in \mathcal{L}^H$, also insbesondere auch $H(cX) \leq cH(X)$ für alle $X \in \mathcal{L}^H$ und für alle $c \in (0,\infty)$ mit $cX \in \mathcal{L}^H$.
" $\Leftarrow$ " : Sei $H : \mathcal{L}^H \longrightarrow \mathbb{R}_+$ ein Prämienprinzip mit $H(cX) \leq cH(X)$ für alle $X \in \mathcal{L}^H$ und für alle $c \in (0,\infty)$ mit $cX \in \mathcal{L}^H$. Dann gilt: $H(X) = H(\frac{1}{c}cX) \leq \frac{1}{c}H(cX) \Leftrightarrow cH(X) \leq H(cX)$. Insgesamt folgt $H(cX) = cH(X)$, das Prämienprinzip H ist also positiv homogen. □

Im Folgenden dieses Kapitels und im nächsten Kapitel werden wir Prämienprinzipien und ihre Eigenschaften untersuchen.

2.2 Das Nettoprämien-Prinzip

Zunächst betrachten wir das einfachste aller Prämienprinzipien, welches jedem Risiko gerade die Nettoprämie zuordnet.

Definition 2.11. Sei $\mathcal{L}^H := \{X \in \mathcal{L}^1(\mathbb{R}_+) | P(\{X > E[X]\}) > 0\}$
Die Abbildung $H : \mathcal{L}^H \longrightarrow \mathbb{R}_+$ mit $H(X) := E[X]$ heißt dann *Nettoprämien-Prinzip.*

Der folgende Satz zeigt, dass wir so ein Prämienprinzip definiert haben und dass es alle gewünschten Eigenschaften erfüllt.

Satz 2.12. *Das Nettoprämien-Prinzip ist ein positiv homogenes (und damit auch proportionales) Prämienprinzip. Es ist isoton bezüglich der stop-loss Ordnung (und damit auch isoton bezüglich der stochastischen Ordnung).*

Beweis. Zunächst zeigen wir, dass die Bedingungen für ein Prämienprinzip erfüllt sind: Seien $X, Y \in \mathcal{L}^H$ beliebig.
(i) Aus $P_X = P_Y$ folgt $E[X] = E[Y]$ und damit $H(X) = H(Y)$.
(ii) Es gilt $E[X] = H(X)$ und damit insbesondere $E[X] \leq H(X)$.
(iii) Da $X \in \mathcal{L}^H$ gilt $P(\{X > H(X)\}) = P(\{X > E[X]\} > 0$.
Weiterhin ergibt sich die positive Homogenität aus der Linearität des Erwartungswertes.
Zur Isotonie bezüglich der stop-loss Ordnung:
Gelte $X \leq^1 Y$, also $E[(X-a)^+] \leq E[(Y-a)^+]$ für alle $a \in \mathbb{R}$. Setzen wir $a = 0$ folgt $H(X) = E[X] = E[(X)^+] \leq E[(Y)^+] = E[Y] = H(Y)$ □

Da die Prämie nach dem Nettoprämien-Prinzip der Nettoprämie entspricht, wird so kein strikt positiver Sicherheitszuschlag festgelegt, was ein wesentlicher Nachteil dieses Prinzips ist.

2.3 Das Perzentil-Prinzip

Folgendes Prämienprinzip ist aufgrund seiner Eigenschaften, insbesondere bezüglich der Wahrscheinlichkeit des Ruins von besonderem Interesse.

Definition 2.13. Sei $\mathcal{L}^H := \{X \in \mathcal{L}^1(\mathbb{R}_+) | P(\{X > E[X]\}) > \varepsilon, \exists a \in \mathbb{R}_+ : 0 < P(\{X > a\}) \leq \varepsilon\}$ für $\varepsilon \in (0,1)$.
Die Abbildung $H : \mathcal{L}^H \longrightarrow \mathbb{R}_+$ mit $H(X) := \inf\{a \in \mathbb{R}_+ | P(\{X > a\}) \leq \varepsilon\}$ heißt dann *Perzentil-Prinzip* zum Parameter ε.

Der folgende Satz zeigt, dass wir so ein Prämienprinzip definiert haben und dass es drei der gewünschten vier Eigenschaften erfüllt.

Satz 2.14. *Das Perzentil-Prinzip ist ein positiv homogenes (und damit auch proportionales) Prämienprinzip. Es ist isoton bezüglich der stochastischen Ordnung.*

Beweis. Zunächst zeigen wir, dass die Bedingungen für ein Prämienprinzip erfüllt sind: Seien $X, Y \in \mathcal{L}^H$ und $\varepsilon \in (0,1)$ beliebig.
(i) Aus $P_X = P_Y$ folgt $\inf\{a \in \mathbb{R}_+ | P(\{X > a\}) \leq \varepsilon\} = \inf\{a \in \mathbb{R}_+ | P(\{Y > a\}) \leq \varepsilon\}$ und damit $H(X) = H(Y)$.
(ii) Es existiert nach Definition von $H(X)$ eine monoton fallende Folge $\{a_n\}_{n \in \mathbb{N}} \subseteq \mathbb{R}_+$ mit $P(\{X > a_n\}) \leq \varepsilon$ für alle $n \in \mathbb{N}$, so dass $H(X) = \inf_{n \in \mathbb{N}} a_n$. Dann gilt: $P(\{X > H(X)\}) = P(\cup_{n \in \mathbb{N}} \{X > a_n\}) = \lim_{n \to \infty} P(\{X > a_n\}) \leq \varepsilon \overset{\text{Nach Definition von } \mathcal{L}^H}{<} P(\{X > E[X]\})$. Also $E[X] \leq H(X)$.

(iii) Für alle $X \in \mathcal{L}^H$ existert ein $a \in \mathbb{R}_+$ mit $0 < P(\{X > a\}) \leq \varepsilon$, sodass nun gilt: $P(\{X > H(X)\}) \geq P(\{X > a\}) > 0$.
Zur positiven Homogenität:
Sei weiterhin $c \in (0, \infty)$ mit $cX \in \mathcal{L}^H$. Dann gilt:
$H(cX) = \inf\{a \in \mathbb{R}_+ | P(\{cX > a\}) \leq \varepsilon\} = \inf\{a \in \mathbb{R}_+ | P(\{X > \frac{a}{c}\}) \leq \varepsilon\}$
$\overset{a=ca'}{=} \inf\{ca' \in \mathbb{R}_+ | P(\{X > a'\}) \leq \varepsilon\} = c \inf\{a' \in \mathbb{R}_+ | P(\{X > a'\}) \leq \varepsilon\} = cH(X)$
Zur Isotonie bezüglich der stochastischen Ordnung:
Sei nun $X, Y \in \mathcal{L}^0(\mathbb{N}_0)$ mit $X \leq^0 Y$. Dann gilt $P(\{X > H(Y)\})$
$\overset{X \leq^0 Y}{\leq} P(\{Y > H(Y)\}) \leq \varepsilon$ und daraus folgt $H(X) \leq H(Y)$ □

Anhand der Definition des Perzentil-Prinzips sieht man Folgendes:
Ist eine obere Schranke $\varepsilon \in (0, 1)$ für die Wahrscheinlichkeit des Ruins vorgegeben, so ist die Prämie nach dem Perzentil-Prinzip zum Parameter ε die geringste Prämie, welche die Forderungen an eine Prämie nach einem Prämienprinzip erfüllt und für welche die Wahrscheinlichkeit des Ruins kleiner gleich ε ist.
Dies ist der Grund, warum das Perzentil-Prinzip von besonderem Interesse ist.

Um die Prämie nach dem Perzentil-Prinzip zu bestimmen, benötigt man nicht nur den Erwartungswert eines Risiko $X \in \mathcal{L}^H$, sondern auch die Wahrscheinlichkeiten $P(\{X > a\})$, was einen Nachteil darstellt.

3 Explizite Prämienprinzipien

Nun wollen wir einige Familien von Prämienprinzipien untersuchen, welche, im Gegensatz zum Perzentil-Prinzip, für jedes Risiko die Prämie explizit durch eine Funktion der Erwartungswerte bestimmter Funktionen des Risikos festsetzen.
Diese Prämienprinzipien werden wie folgt in zwei Schritten konstruiert:
1) Zuerst betrachtet man eine Abbildung $h : \mathcal{L} \longrightarrow \mathbb{R}_+$, wobei $\mathcal{L} \subseteq \mathcal{L}^1(\mathbb{R}_+)$, mit der folgenden Eigenschaft: $h(X) = h(Y)$ für alle $X, Y \in \mathcal{L}$ mit $P_X = P_Y$.
2) Anschließend definiert man $\mathcal{L}^H := \{X \in \mathcal{L} | E[X] \leq h(X), P(\{X > h(X)\}) > 0\}$ und definiert H als die Einschränkung von h auf $\mathcal{L}^H$.

Dann ist $H : \mathcal{L}^H \longrightarrow \mathbb{R}_+$ ein Prämienprinzip, denn die drei Bedingungen an ein Prämienprinzip (siehe Definition 2.2) sind durch diese Konstruktion offensichtlich erfüllt.

3.1 Das Erwartungswert-Prinzip

Definition 3.1. Sei $\mathcal{L}^H := \{X \in \mathcal{L}^1(\mathbb{R}_+) | P(\{X > (1+\gamma)E[X]\}) > 0\}$ für $\gamma \in \mathbb{R}_+$.
Die Abbildung $H : \mathcal{L}^H \longrightarrow \mathbb{R}_+$ mit $H(X) := E[X] + \gamma E[X]$ heißt dann *Erwartungswert-Prinzip* zum Parameter γ.

Der folgende Satz zeigt, dass wir so ein Prämienprinzip definiert haben und dass es alle gewünschten Eigenschaften erfüllt.

Satz 3.2. *Das Erwartungswert-Prinzip ist ein positiv homogenes (und damit auch proportionales) Prämienprinzip. Es ist isoton bezüglich der stop-loss Ordnung (und damit auch isoton bezüglich der stochastischen Ordnung).*

Beweis. Zunächst zeigen wir, dass die Bedingungen für ein Prämienprinzip erfüllt sind:
Seien $X, Y \in \mathcal{L}^H$ beliebig und $\gamma \in \mathbb{R}_+$.
(i) Aus $P_X = P_Y$ folgt $E[X] = E[Y]$, also auch $(1+\gamma)E[X] = (1+\gamma)E[Y]$ und damit $H(X) = H(Y)$.
(ii) Es gilt $E[X] \leq (1+\gamma)E[X] = H(X)$.
(iii) Da $X \in \mathcal{L}^H$ gilt $P(\{X > H(X)\}) = P(\{X > (1+\gamma)E[X]\}) > 0$.
Weiterhin ergibt sich die positive Homogenität aus der Linearität des Erwartungswertes.
Zur Isotonie bezüglich der stop-loss Ordnung:
Seien X, Y zusätzlich $\in \mathcal{L}^1(\mathbb{N}_0)$ und gelte $X \leq^1 Y$, also $E[(X-a)^+] \leq E[(Y-a)^+]$ und $(1+\gamma)E[(X-a)^+] \leq (1+\gamma)E[(Y-a)^+]$ für alle $a \in \mathbb{R}$. Setzen wir $a = 0$ folgt $H(X) = (1+\gamma)E[X] = (1+\gamma)E[(X)^+] \leq (1+\gamma)E[(Y)^+] = (1+\gamma)E[Y] = H(Y)$ □

Das Erwartungswert-Prinzip erfordert lediglich die Kenntnis des Erwartungswertes des Risikos X und ist aufgrund seiner Einfachheit daher sinnvoll, wenn neben dem Erwartungswert keine weiteren Informationen über die Verteilung des Risikos X bekannt sind. Schwankungen des Schadens werden jedoch nicht berücksichtigt, das Erwartungswert-Prinzip ist unabhängig von der Streuung des Risikos. Dies führt auf das nächste explizite Prämienprinzip.

3.2 Das Varianz-Prinzip

Definition 3.3. Sei $\mathcal{L}^H := \{X \in \mathcal{L}^2(\mathbb{R}_+) | P(\{X > E[X] + \gamma \mathbb{V}ar(X)\}) > 0\}$ für $\gamma \in \mathbb{R}_+$. Die Abbildung $H : \mathcal{L}^H \longrightarrow \mathbb{R}_+$ mit $H(X) := E[X] + \gamma \mathbb{V}ar(X)$ heißt dann *Varianz-Prinzip* zum Parameter γ.

Der folgende Satz zeigt, dass wir so ein Prämienprinzip definiert haben, es jedoch keine der gewünschten Eigenschaften erfüllt.

Satz 3.4. *Das Varianz-Prinzip ist ein Prämienprinzip. Es ist weder proportional (und damit auch nicht positiv homogen) noch isoton bezüglich der stochastischen Ordnung (und damit auch nicht isoton bezüglich der stop-loss Ordnung)*

Beweis. Zunächst zeigen wir, dass die Bedingungen für ein Prämienprinzip erfüllt sind:
Seien $X, Y \in \mathcal{L}^H$ beliebig und $\gamma \in \mathbb{R}_+$.
(i) Aus $P_X = P_Y$ folgt $E[X] = E[Y]$ sowie $\mathbb{V}ar(X) = \mathbb{V}ar(Y)$, also auch
$E[X] + \gamma \mathbb{V}ar(X) = E[Y] + \gamma \mathbb{V}ar(Y)$ und damit $H(X) = H(Y)$.
(ii) Da $\mathbb{V}ar(X) \geq 0$ für alle $X \in \mathcal{L}^H$ gilt $E[X] \leq E[X] + \gamma \mathbb{V}ar(X) = H(X)$.
(iii) Da $X \in \mathcal{L}^H$ gilt $P(\{X > H(X)\}) = P(\{X > E[X] + \gamma \mathbb{V}ar(X)\}) > 0$.
Zur Nichtproportionalität:
Sei $c \in (0,1)$ mit $cX \in \mathcal{L}^H$. Dann gilt: $H(cX) = E[cX] + \gamma \mathbb{V}ar(cX)$
$= cE[X] + \gamma c^2 \mathbb{V}ar(X) = c(E[X] + \gamma c \mathbb{V}ar(X)) \neq c(E[X] + \gamma \mathbb{V}ar(X) = cH(X)$.
Zur Nichtisotonie bezüglich der stochastischen Ordnung (Gegenbeispiel, siehe hierzu auch [6, Seite 104 ff]):
Sei $X \sim U(0,1)$ und $Y = \frac{1}{3}X + 1$. Dann gilt $X \leq Y$ und damit
$P(\{X > a\}) \leq P(\{Y > a\})$ für alle $a \in \mathbb{R}$, also $X \leq^0 Y$.
Es gilt $\mathbb{V}ar(X) = E[(X - E[X])^2] = \int_0^1 (x - \frac{1}{2})^2 dx = \frac{1}{12}$.
Setzen wir nun $\gamma = 12$, dann folgt:
$H(X) = E[X] + \gamma \mathbb{V}ar(X) = \frac{1}{2} + 12\frac{1}{12} = \frac{3}{2} > \frac{23}{18} = \frac{7}{6} + \frac{1}{9} = \frac{1}{3}E[X] + 1 + 12\frac{1}{9}\mathbb{V}ar(X)$
$= E[Y] + \gamma \mathbb{V}ar(Y) = H(Y)$. □

3.3 Das Semivarianz-Prinzip

Definition 3.5. Sei $\mathcal{L}^H := \{X \in \mathcal{L}^2(\mathbb{R}_+) | P(\{X > E[X] + \gamma E[((X - E[X])^+)^2]\}) > 0\}$ für $\gamma \in \mathbb{R}_+$.
Die Abbildung $H : \mathcal{L}^H \longrightarrow \mathbb{R}_+$ mit $H(X) := E[X] + \gamma E[((X - E[X])^+)^2]$ heißt dann *Semivarianz-Prinzip* zum Parameter γ.

Der folgende Satz zeigt, dass wir so ein Prämienprinzip definiert haben, es jedoch keine der gewünschten Eigenschaften erfüllt.

Satz 3.6. *Das Semivarianz-Prinzip ist ein Prämienprinzip. Es ist weder proportional (und damit auch nicht positiv homogen) noch isoton bezüglich der stochastischen Ordnung (und damit auch nicht isoton bezüglich der stop-loss Ordnung).*

Beweis. Zunächst zeigen wir, dass die Bedingungen für ein Prämienprinzip erfüllt sind:
Seien $X, Y \in \mathcal{L}^H$ beliebig und $\gamma \in \mathbb{R}_+$.
(i) Aus $P_X = P_Y$ folgt $E[X] = E[Y]$ sowie $E[((X - E[X])^+)^2] = E[((Y - E[Y])^+)^2]$, also auch $E[X] + \gamma E[((X - E[X])^+)^2] = E[Y] + \gamma E[((Y - E[Y])^+)^2]$ und damit $H(X) = H(Y)$.
(ii) Da $E[((X - E[X])^+)^2] \geq 0$ für alle $X \in \mathcal{L}^H$ gilt $E[X] \leq E[X] + \gamma E[((X - E[X])^+)^2]$ $= H(X)$.
(iii) Da $X \in \mathcal{L}^H$ gilt $P(\{X > H(X)\}) = P(\{X > E[X] + \gamma E[((X - E[X])^+)^2]\} > 0$.
Zur Nichtproportionalität:
Sei $c \in (0, 1)$ mit $cX \in \mathcal{L}^H$. Dann gilt: $H(cX) = E[cX] + \gamma E[((cX - E[cX])^+)^2]$
$= cE[X] + \gamma E[((c(X - E[X]))^+)^2] = cE[X] + \gamma c^2 E[((X - E[X])^+)^2]$
$= c(E[X] + \gamma c E[((X - E[X])^+)^2])) \neq c(E[X] + \gamma E[((X - E[X])^+)^2] = cH(X)$.
Zur Nichtsotonie bezüglich der stochastischen Ordnung (Gegenbeispiel):
Sei $X \sim U(0, 1)$ und $Y = \frac{1}{3}X + 1$. Dann gilt $X \leq Y$ und damit
$P(\{X > a\}) \leq P(\{Y > a\})$ für alle $a \in \mathbb{R}$, also $X \leq^0 Y$.
Es gilt $E[((X - E[X])^+)^2] = \int_{\frac{1}{2}}^1 (x - \frac{1}{2})^2 dx = \frac{1}{24}$.
Setzen wir nun $\gamma = 24$, dann folgt:
$H(X) = E[X] + \gamma E[((X - E[X])^+)^2] = \frac{1}{2} + 24\frac{1}{24} = \frac{3}{2} > \frac{23}{18} = \frac{7}{6} + \frac{1}{9} = \frac{7}{6} + 24\frac{1}{9}\frac{1}{24}$
$= \frac{7}{6} + 24\frac{1}{9}E[((X - E[X])^+)^2] = \frac{7}{6} + 24E[((\frac{1}{3}(X - \frac{1}{2}))^+)^2]$
$= \frac{1}{3}E[X] + 1 + 24E[((\frac{1}{3}X + 1 - (\frac{1}{3}E[X] + 1))^+)^2] = E[Y] + \gamma E[((Y - E[Y])^+)^2] = H(Y)$. □

Aus der Zerlegung
$\mathbb{V}ar(X) = E[(X - E[X])^2] = E[((X - E[X])^+)^2] + E[((X - E[X])^-)^2]$
wird ersichtlich, woher das Semivarianz-Prinzip seinen Namen trägt.

Weiterhin erkennt man, dass das Semivarianz-Prinzip nur die strikt positiven Abweichungen eines Risikos von seinem Erwartungswert berücksichtigt. Da im Versicherungswesen im Wesentlichen Großschäden für die Gesamtschadensumme verantwortlich sind, sind gerade diese strikt positiven Abweichungen eines Risikos von Bedeutung.

3.4 Das Standardabweichung-Prinzip

Definition 3.7. Sei $\mathcal{L}^H := \{X \in \mathcal{L}^2(\mathbb{R}_+) | P(\{X > E[X] + \gamma\sqrt{\mathbb{V}ar(X)}\}) > 0\}$ für $\gamma \in \mathbb{R}_+$.
Die Abbildung $H : \mathcal{L}^H \longrightarrow \mathbb{R}_+$ mit $H(X) := E[X] + \gamma\sqrt{\mathbb{V}ar(X)}$ heißt dann *Standardabweichung-Prinzip* zum Parameter γ.

Das Standardabweichungsprinzip kann folgendermaßen motiviert werden (siehe hierzu auch [3, Seite 129f], [8, Seite 69]):
Seien $X_1, ..., X_n \in \mathcal{L}^2(\mathbb{R}_+)$ unabhängig identisch verteilte Risiken mit $E[X_1] = \mu$ und $\mathbb{V}ar(X_1) = \sigma^2$. $S(n) := \sum_{i=1}^n X_i$ bezeichne den Gesamtschaden des Bestandes. Unter Vernachlässigung sonstiger Kosten und Gewinne sollte $H(S(n)) > S(n)$ gelten, damit das Versicherungsunternehmen profitabel arbeitet. Sei die Vorgabe also
$P(\{S(n) < H(S(n))\}) = 1 - \alpha$.
Mit dem Zentralen Grenzwertsatz folgt nun approximativ für große n:
$P(\{S(n) < H(S(n))\}) \approx \Phi(\frac{H(S(n)) - n\mu}{\sqrt{n}\sigma})$, wobei $\Phi(x)$ die Verteilungsfunktion der Standardnormalverteilung bezeichnet. Die Profitabilitätsvorgabe ist also approximativ erfüllt, wenn $\frac{H(S(n)) - n\mu}{\sqrt{n}\sigma} = q_{1-\alpha}$ gilt, wobei q die Quantilfunktion der Standardnormalverteilung bezeichnet. Daraus folgt $H(S(n)) = n\mu + q_{1-\alpha}\sqrt{n}\sigma = E[S(n)] + q_{1-\alpha}\sqrt{\mathbb{V}ar(S(n))}$.
Aufgrund der Monotonie der Quantilfunktion der Standardnormalverteilung gilt: je höher die Profitabilitätwahrscheinlichkeit sein soll, desto höher wird der Skalenfaktor $q_{1-\alpha}$ für den Sicherheitszuschlag.

Der folgende Satz zeigt, dass wir so ein Prämienprinzip definiert haben und dass es zwei der gewünschten vier Eigenschaften erfüllt.

Satz 3.8. *Das Standardabweichung-Prinzip ist ein positiv homogenes (und damit auch proportionales) Prämienprinzip. Es ist nicht isoton bezüglich der stochastischen Ordnung (und damit auch nicht isoton bezüglich der stop-loss Ordnung).*

Beweis. Zunächst zeigen wir, dass die Bedingungen für ein Prämienprinzip erfüllt sind:
Seien $X, Y \in \mathcal{L}^H$ beliebig und $\gamma \in \mathbb{R}_+$.

(i) Aus $P_X = P_Y$ folgt $E[X] = E[Y]$ sowie $\sqrt{\mathbb{V}ar(X)} = \sqrt{\mathbb{V}ar(Y)}$, also auch $E[X] + \gamma\sqrt{\mathbb{V}ar(X)} = E[Y] + \gamma\sqrt{\mathbb{V}ar(Y)}$ und damit $H(X) = H(Y)$.
(ii) Da $\sqrt{\mathbb{V}ar(X)} \geq 0$ für alle $X \in \mathcal{L}^H$ gilt $E[X] \leq E[X] + \gamma\sqrt{\mathbb{V}ar(X)} = H(X)$.
(iii) Da $X \in \mathcal{L}^H$ gilt $P(\{X > H(X)\}) = P(\{X > E[X] + \gamma\sqrt{\mathbb{V}ar(X)}\} > 0$.
Zur positiven Homogenität:
Sei $c \in (0, \infty)$ mit $cX \in \mathcal{L}^H$. Dann gilt: $H(cX) = E[cX] + \gamma\sqrt{\mathbb{V}ar(cX)}$
$= cE[X] + \gamma\sqrt{c^2\mathbb{V}ar(X)} = c(E[X] + \gamma\sqrt{\mathbb{V}ar(X)}) = cH(X)$.
Zur Nichtisotonie bezüglich der stochastischen Ordnung (Gegenbeispiel):
Sei $X \sim U(0,1)$ und $Y = \frac{1}{9}X + 1$. Dann gilt $X \leq Y$ und damit
$P(\{X > a\}) \leq P(\{Y > a\})$ für alle $a \in \mathbb{R}$, also $X \leq^0 Y$.
Setzen wir nun $\gamma = \sqrt{12}$, dann folgt:
$H(X) = E[X] + \gamma\sqrt{\mathbb{V}ar(X)} = \frac{1}{2} + \sqrt{12}\frac{1}{\sqrt{12}} = \frac{3}{2} > \frac{21}{18} = \frac{19}{18} + \frac{1}{9}$
$= \frac{1}{9}E[X] + 1 + \sqrt{12}\frac{1}{9}\sqrt{\mathbb{V}ar(X)} = E[Y] + \gamma\sqrt{\mathbb{V}ar(Y)} = H(Y)$. □

3.5 Das Semistandardabweichung-Prinzip

Definition 3.9.
Sei $\mathcal{L}^H := \{X \in \mathcal{L}^2(\mathbb{R}_+) | P(\{X > E[X] + \gamma\sqrt{E[((X - E[X])^+)^2]}\}) > 0\}$ für $\gamma \in \mathbb{R}_+$.
Die Abbildung $H : \mathcal{L}^H \longrightarrow \mathbb{R}_+$ mit $H(X) := E[X] + \gamma\sqrt{E[((X - E[X])^+)^2]}$ heißt dann *Semistandardabweichung-Prinzip* zum Parameter γ.

Der folgende Satz zeigt, dass wir so ein Prämienprinzip definiert haben und dass es zwei der gewünschten vier Eigenschaften erfüllt.

Satz 3.10. *Das Semistandardabweichung-Prinzip ist ein positiv homogenes (und damit auch proportionales) Prämienprinzip. Es ist nicht isoton bezüglich der stochastischen Ordnung (und damit auch nicht isoton bezüglich der stop-loss Ordnung).*

Beweis. Zunächst zeigen wir, dass die Bedingungen für ein Prämienprinzip erfüllt sind:
Seien $X, Y \in \mathcal{L}^H$ beliebig und $\gamma \in \mathbb{R}_+$.
(i) Aus $P_X = P_Y$ folgt $E[X] = E[Y]$ sowie $\sqrt{E[((X - E[X])^+)^2]} = \sqrt{E[((Y - E[Y])^+)^2]}$, also auch $E[X] + \gamma\sqrt{E[((X - E[X])^+)^2]} = E[Y] + \gamma\sqrt{E[((Y - E[Y])^+)^2]}$ und damit $H(X) = H(Y)$.
(ii) Da $\sqrt{E[((X - E[X])^+)^2]} \geq 0$ für alle $X \in \mathcal{L}^H$ gilt
$E[X] \leq E[X] + \gamma\sqrt{E[((X - E[X])^+)^2]} = H(X)$.
(iii) Da $X \in \mathcal{L}^H$ gilt $P(\{X > H(X)\}) = P(\{X > E[X] + \gamma\sqrt{E[((X - E[X])^+)^2]}\} > 0$.
Zur positiven Homogenität:

Sei $c \in (0,\infty)$ mit $cX \in \mathcal{L}^H$. Dann gilt: $H(cX) = E[cX] + \gamma\sqrt{E[((cX - E[cX])^+)^2]}$
$= cE[X] + \gamma\sqrt{E[((c(X - E[X]))^+)^2]} = cE[X] + \gamma\sqrt{c^2 E[((X - E[X])^+)^2]}$
$= c(E[X] + \gamma E[((X - E[X])^+)^2])) = cH(X)$.
Zur Nichtisotonie bezüglich der stochastischen Ordnung (Gegenbeispiel):
Sei $X \sim U(0,1)$ und $Y = \frac{1}{9}X + 1$. Dann gilt $X \leq Y$ und damit
$P(\{X > a\}) \leq P(\{Y > a\})$ für alle $a \in \mathbb{R}$, also $X \leq^0 Y$.
Setzen wir nun $\gamma = \sqrt{24}$, dann folgt:
$H(X) = E[X] + \gamma\sqrt{E[((X - E[X])^+)^2]} = \frac{1}{2} + \sqrt{24}\frac{1}{\sqrt{24}} = \frac{3}{2} > \frac{21}{18} = \frac{19}{18} + \frac{1}{9} = \frac{19}{18} + \sqrt{24}\frac{1}{9}\frac{1}{\sqrt{24}}$
$= \frac{19}{18} + \sqrt{24}\frac{1}{9}\sqrt{E[((X - E[X])^+)^2]} = \frac{19}{18} + \sqrt{24}\sqrt{E[((\frac{1}{9}(X - \frac{1}{2}))^+)^2]}$
$= \frac{1}{9}E[X] + 1 + \sqrt{24}\sqrt{E[((\frac{1}{9}X + 1 - (\frac{1}{9}E[X] + 1))^+)^2]} = E[Y] + \gamma\sqrt{E[((Y - E[Y])^+)^2]}$
$= H(Y)$. □

Alle bisher vorgestellten Familien von expliziten Prämienprinzipien haben eines gemeinsam: sie sind durch $\gamma \in \mathbb{R}_+$ parametrisiert und entsprechen für $\gamma = 0$ dem Nettoprämienprinzip.
Im Folgenden werden zwei Familien von expliziten Prämienprinzipien untersucht, welche durch reelle Funktionen $g : \mathbb{R}_+ \longrightarrow \mathbb{R}_+$ parametrisiert sind.

3.6 Das Mittelwert-Prinzip

Definition 3.11. Sei $\mathcal{L}^H := \{X \in \mathcal{L}^1(\mathbb{R}_+) | g(X) \in \mathcal{L}^1(\mathbb{R}), P(\{X > E[X]\}) > 0\}$
für eine streng monoton wachsende und konvexe Funktion $g : R_+ \longrightarrow \mathbb{R}_+$.
Die Abbildung $H : \mathcal{L}^H \longrightarrow \mathbb{R}_+$ mit $H(X) := g^{-1}(E[g(X)])$ heißt dann *Mittelwert-Prinzip* bezüglich g.

Bemerkung 3. Das Mittelwert-Prinzip bezüglich g entspricht dem Nettoprämien-Prinzip für $g(x) = x$, da dann gilt: $g^{-1}(E[g(X)]) = E[X]$.
Für $g(x) = e^{\gamma x}$ mit $\gamma \in (0,\infty)$ heißt das Mittelwert-Prinzip bezüglich g *Exponential-Prinzip* zum Parameter γ.
Weiterhin ist das Mittelwert-Prinzip wohldefiniert, was sich wie folgt einsehen lässt:
g ist nach Voraussetzung monoton wachsend und konvex. Daher gilt $g(\mathbb{R}_+) = [g(0),\infty)$ und damit auch für $X \in \mathcal{L}^H$: $E[g(X)] \in [g(0),\infty)$. Desweiteren existiert aufgrund der strengen Monotonie von g die Umkehrfunktion, welche auch streng monoton wachsend ist, mit umgekehrter Werte- und Bildmenge: $g^{-1} : [g(0),\infty) \longrightarrow \mathbb{R}_+$.

Um im Folgenden zeigen zu können, dass das Mittelwert-Prinzip isoton bezüglich der stochastischen Ordnung ist, benötigen wir eine Definition und einen Hilfssatz (siehe diesen unter [10, Lemma 9.1.8]).

Definition 3.12. $\mathcal{M}^0(\mathbb{N}_0)$ heißt die Familie aller Funktionen $f : \mathbb{N}_0 \longrightarrow \mathbb{R}_+$ mit der folgenden Eigenschaft:
$(\vartriangle f)(k) := f(k+1) - f(k) \geq 0$ für alle $k \in \mathbb{N}_0$.

Satz 3.13. *Sei $X \in \mathcal{L}^0(\mathbb{N}_0)$. Dann gilt für alle $f \in \mathcal{M}^0(\mathbb{N}_0)$:*
$E[f(X)] = f(0) + \sum_{k=0}^{\infty}(\vartriangle f)(k)P(\{X > k\})$
und insbesondere: $E[X] = \sum_{k=0}^{\infty} P(\{X > k\})$.

Beweis. Sei $X \in \mathcal{L}^0(\mathbb{N}_0)$ und $f \in \mathcal{M}^0(\mathbb{N}_0)$ beliebig.
Zunächst gilt für alle $n \in \mathbb{N}_0$: $f(n) = f(0) + \sum_{k=0}^{n-1}(\vartriangle f)(k)$ (i)
und $\sum_{n=k+1}^{\infty} P(\{X = n\}) = P(\{X > k\})$ (ii).
Damit folgt:

$$E[f(X)] = \sum_{n=0}^{\infty}(f(n)P(\{X = n\})) \underbrace{=}_{\text{(i)}} \sum_{n=0}^{\infty}(f(0) + \sum_{k=0}^{n-1}(\vartriangle f)(k))P(\{X = n\})$$

$$= f(0) + \sum_{k=0}^{\infty}(\vartriangle f)(k) \sum_{n=k+1}^{\infty} P(\{X = n\}) \underbrace{=}_{\text{(ii)}} f(0) + \sum_{k=0}^{\infty}(\vartriangle f)(k)P(\{X > k\})$$

Um die zweite Gleichung zu zeigen, setzen wir $f : \mathbb{N}_0 \longrightarrow \mathbb{R}_+$ mit $f(k) := k$. Dann gilt $(\vartriangle f)(k) = k + 1 - k = 1$, also $f \in \mathcal{M}^0(\mathbb{N}_0)$. Da $f(0) = 0$ folgt nun die zweite Gleichung direkt aus der ersten mit der gewählten Funktion f. □

Nun können wir die Isotonie bezüglich der stochastischen Ordnung des Mittelwert-Prinzips zeigen.

Satz 3.14. *Das Mittelwert-Prinzip ist ein Prämienprinzip. Es ist isoton bezüglich der stochastischen Ordnung und nicht proportional (und damit auch nicht positiv homogen).*

Beweis. Zunächst zeigen wir, dass die Bedingungen für ein Prämienprinzip erfüllt sind:
Seien $X, Y \in \mathcal{L}^H$ beliebig und $g : \mathbb{R}_+ \longrightarrow \mathbb{R}_+$ eine steng monoton wachsende und konvexe Funktion.
(i) $P_X = P_Y \implies P_{g(X)} = P_{g(Y)} \implies E[g(X)] = E[g(Y)] \implies$
$g^{-1}(E[g(X)]) = g^{-1}(E[g(Y)]) \Leftrightarrow H(X) = H(Y)$.
(ii) Wie bereits erwähnt ist die Umkehrfunktion g^{-1} auch streng monoton wachsend. Da g nach Voraussetzung konvex ist, können wir die Jensen-Ungleichung anwenden und erhalten:

$$E[X] = g^{-1}(g(E[X])) \underbrace{\leq}_{\text{Jensen-Ungleichung}} g^{-1}(E[g(X)]) = H(X).$$

(iii) Da $X \in \mathcal{L}^H$ gilt $P(\{X > E[X]\}) > 0$, woraus folgt, dass X nicht konstant ist. Aufgrund der strengen Monotonie von g folgt, dass auch $g(X)$ nicht konstant ist. Insgesamt folgt:
$P(\{X > H(X)\}) = P(\{X > g^{-1}(E[g(X)])\}) = P(\{g(X) > E[g(X)]\}) \underbrace{>}_{g(X) \text{nicht konstant}} 0.$

Zur Isotonie bezüglich der stochastischen Ordnung:
Seien X, Y zusätzlich $\in \mathcal{L}^0(\mathbb{N}_0)$ und gelte $X \leq^0 Y$, also $P(\{X > a\}) \leq P(\{Y > a\})$ für alle $a \in \mathbb{R}$.
Definiere nun die Funktion $f : \mathbb{N}_0 \longrightarrow \mathbb{R}_+$ durch $f(x) := g(x) - g(0)$.
Da g streng monoton wachsend ist gilt
$(\triangle\, f)(k) = f(k+1) - f(k) = g(k+1) - g(0) - (g(k) - g(0)) = g(k+1) - g(k) > 0$, also $f \in \mathcal{M}^0(\mathbb{N}_0)$. Da weiterhin $f(0) = g(0) - g(0) = 0$ gilt, folgt mit Satz 3.13 :
$E[f(X)] = \sum_{k=0}^{\infty}(\triangle\, f)(k)P(\{X > k\}) \underbrace{\leq}_{X \leq^0 Y} \sum_{k=0}^{\infty}(\triangle\, f)(k)P(\{Y > k\}) = E[f(Y)].$

Daraus folgt $E[g(X) - g(0)] \leq E[g(Y) - g(0)] \Leftrightarrow$
$E[g(X)] - E[g(0)] \leq E[g(Y)] - E[g(0)] \Leftrightarrow E[g(X)] \leq E[g(Y)].$
Aufgrund der strengen Monotonie der Umkehrfunktion g^{-1} folgt nun
$g^{-1}(E[g(X)]) \leq g^{-1}(E[g(Y)])$ und damit $H(X) \leq H(Y)$.
Zur Nicht-Proportionalität (Gegenbeispiel, siehe hierzu auch [6, Seite 104 - 107]):
Sei $c \in (0, 1)$ mit $cX \in \mathcal{L}^H$ und $g(x) = e^x$. Dann folgt $g' = e^x > 0$ und $g''(x) = e^x > 0$, somit ist $g : \mathbb{R}_+ \longrightarrow \mathbb{R}_+$ streng monoton wachsend und konvex. Es gilt nun:
$H(cX) = ln(E[e^{cX})] = ln(M_X(c)) \underbrace{\neq}_{\text{im Allgemeinen}} c\, ln(M_X(1)) = c\, ln(E[e^X]) = cH(X),$
wobei $M_X(t) := E[e^{tX}]$ die momenterzeugende Funktion bezeichnet.
Sei beispielsweise $X \sim Exp(2)$. Dann gilt für die momenterzeugende Funktion $M_X(t) = \frac{2}{2-t}$ und damit $ln(M_X(c)) = ln(\frac{2}{2-c}) \underbrace{\neq}_{\text{zum Beispiel } c=\frac{1}{2}} c\, ln(2) = c\, ln(\frac{2}{2-1})$

$= c\, ln(M_X(1)).$ □

3.7 Das Esscher-Prinzip

Definition 3.15. Sei $\mathcal{L}^H := \{X \in \mathcal{L}^1(\mathbb{R}_+) | g(X) \in \mathcal{L}^1(\mathbb{R}), Xg(X) \in \mathcal{L}^1(\mathbb{R}),$
$P(\{XE[g(X)] > E[Xg(X)]\}) > 0\}$ für eine monoton wachsende Funktion $g : \mathbb{R}_+ \longrightarrow \mathbb{R}_+$.
Die Abbildung $H : \mathcal{L}^H \longrightarrow \mathbb{R}_+$ mit $H(X) := \frac{E[Xg(X)]}{E[g(X)]}$ heißt dann *Esscher-Prinzip* bezüglich g.

Bemerkung 4. Das Esscher-Prinzip bezüglich g entspricht dem Nettoprämien-Prinzip

für $g(x) = 1$, da dann gilt: $\frac{E[Xg(X)]}{E[g(X)]} = E[X]$.
Für $g(x) = e^{\gamma x}$ mit $\gamma \in \mathbb{R}_+$ heißt das Esscher-Prinzip bezüglich g *spezielles Esscher-Prinzip* zum Parameter γ.
Für $g(x) = x^k$ mit $k \in \mathbb{N}_0$ heißt das Esscher-Prinzip bezüglich g *Karlsruhe-Prinzip* zum Parameter k.
Weiterhin ist das Mittelwert-Prinzip wohldefiniert, was sich wie folgt einsehen lässt:
Für $X \in \mathcal{L}^H$ gilt nach Voraussetzung $Xg(X) \geq 0$ und damit $E[Xg(X)] \geq 0$. Desweiteren gilt nach Voraussetzung $P(\{XE[g(X)] > E[Xg(X)]\}) > 0\}$ und da $E[Xg(X)] \geq 0$ muss gelten: $E[gX)] > 0$. Insgesamt folgt $H(X) := \frac{E[Xg(X)]}{E[g(X)]} \geq 0$.

Satz 3.16. *Das Esscher-Prinzip ist ein Prämienprinzip. Es ist nicht isoton bezüglich der stochastischen Ordnung (und damit auch nicht isoton bezüglich der stop-loss Ordnung).*

Beweis. Wir zeigen, dass die Bedingungen für ein Prämienprinzip erfüllt sind:
Seien $X, Y \in \mathcal{L}^H$ beliebig und $g : R_+ \longrightarrow \mathbb{R}_+$ eine monoton wachsende Funktion.
(i) Aus $P_X = P_Y$ folgt $P_{g(X)} = P_{g(Y)}$, sowie $P_{Xg(X)} = P_{Yg(Y)}$. Darum gilt $E[g(X)] = E[g(Y)]$, sowie $E[Xg(X)] = E[Yg(Y)]$, also auch $\frac{E[Xg(X)]}{E[g(X)]} = \frac{E[Yg(Y)]}{E[g(Y)]}$ und damit $H(X) = H(Y)$.
(ii) Zunächst lässt sich H(X) folgendermaßen zerlegen:
$H(X) = \frac{E[Xg(X)]}{E[g(X)]} = \frac{E[X]E[g(X)]+E[Xg(X)]-E[X]E[g(X)]}{E[g(X)]} = \frac{E[X]E[g(X)]+Cov(X,g(X))}{E[g(X)]}$
$= E[X] + \frac{Cov(X,g(X))}{E[g(X)]}$
Weiterhin gilt aufgrund der Monotonie von g:
$Cov(X, g(X)) = E[(X - E[X])(g(X) - E[g(X)])]$
$= E[(X - E[X])(g(X) - g(E[X]) + g(E[X]) - E[g(X)])]$
$\underbrace{=}_{\text{Linearität des EW}} E[(X - E[X])(g(X) - g(E[X]))] + E[(X - E[X])\underbrace{(g(E[X]) - E[g(X)])}_{\text{ist nicht zufällig}}]$
$= E[(X - E[X])(g(X) - g(E[X]))] + (g(E[X]) - E[g(X)]) \underbrace{E[(X - E[X])]}_{= 0 \text{ aufgrund der Linearität des EW}}$
$= E[(X - E[X])(g(X) - g(E[X]))] \underbrace{\geq}_{(*)} 0$. $(*)$: Wegen der Monotonie von g gilt unter dem Ereignis $\{X < E[X]\} : \underbrace{(X - E[X])}_{<0}\underbrace{(g(X) - g(E[X]))}_{<0} > 0$ und unter dem Ereignis $\{X > E[X]\} : \underbrace{(X - E[X])}_{>0}\underbrace{(g(X) - g(E[X]))}_{>0} > 0$. Es folgt insgesamt $H(X) \geq E[X]$.
(iii) Da $X \in \mathcal{L}^H$ gilt $P(\{X > H(X)\}) = P(\{X > \frac{E[Xg(X)]}{E[g(X)]}\})$
$= P(\{XE[g(X)] > E[Xg(X)]\}) > 0$.
Zur Nichtisotonie bezüglich der stochastischen Ordnung (Gegenbeispiel, siehe hierzu auch [1, Seite 14 f]):

Sei $g(x) = e^x$, also H das spezielle Esscher-Prinzip zum Parameter 1. Weiterhin seien X und Y folgendermaßen konstruiert: $P(\{X=0\}) = \frac{2}{3}, P(\{X=3\}) = \frac{1}{3}$ und $P(\{Y=0\}) = \frac{1}{3}, P(\{X=1\}) = \frac{1}{3}, P(\{X=3\}) = \frac{1}{3}$.
Dann gilt $P(\{X > a\}) \leq P(\{Y > a\})$ für alle $a \in \mathbb{R}$, also $X \leq^0 Y$. Es folgt:
$H(X) = \frac{E[Xe^X]}{E[e^X]} = \frac{\frac{1}{3}3e^3}{\frac{2}{3}1+\frac{1}{3}e^3} = \frac{3e^3}{2+e^3} \approx 2,73 > 2,65 \approx \frac{e+3e^3}{1+e+e^3} = \frac{\frac{1}{3}(1e+3e^3)}{\frac{1}{3}(1+e+e^3)} = \frac{E[Ye^Y]}{E[e^Y]}$
$= H(Y)$. □

3.8 Das Karlsruhe-Prinzip

Wie bereits erwähnt, entsteht das Karlsruhe-Prinzip durch die spezielle Wahl von $g(x) = x^k$ mit $k \in \mathbb{N}_0$ beim Esscher-Prinzip. $g : R_+ \longrightarrow \mathbb{R}_+$ ist monoton wachsend und erfüllt damit die Voraussetzungen, die an g beim Esscher-Prinzip gestellt werden.

Definition 3.17. Sei $\mathcal{L}^H := \{X \in \mathcal{L}^1(\mathbb{R}_+) | X^k \in \mathcal{L}^1(\mathbb{R}), X^{k+1} \in \mathcal{L}^1(\mathbb{R}),$
$P(\{XE[X^k] > E[X^{k+1}]\}) > 0\}$ für $k \in \mathbb{N}_0$.
Die Abbildung $H : \mathcal{L}^H \longrightarrow \mathbb{R}_+$ mit $H(X) := \frac{E[X^{k+1}]}{E[X^k]}$ heißt dann *Karlsruhe-Prinzip* zum Parameter k.

Satz 3.18. *Das Karlsruhe-Prinzip ist ein positiv homogenes (und damit auch proportionales) Prämienprinzip.*

Beweis. Nach Satz 3.16 ist das Esscher-Prinzip ein Prämienprinzip. Das Karlsruhe-Prinzip ist lediglich ein Spezialfall des Esscher-Prinzips und somit auch ein Prämienprinzip.
Zur positiven Homogenität:
Sei $c \in (0, \infty)$ mit $cX \in \mathcal{L}^H$. Dann gilt: $H(cX) = \frac{E[(cX)^{k+1}]}{E[(cX)^k]} = \frac{E[c^{k+1}X^{k+1}]}{E[c^kX^k]}$
$\underbrace{=}_{\text{Linearität des Erwartungswert}} c\frac{E[X^{k+1}]}{E[X^k]} = cH(X)$ □

Bemerkung 5. Für den Fall $k = 1$ lässt sich die Prämie nach dem Karlsruhe-Prinzip folgendermaßen vereinfachen:
$H(X) = \frac{E[X^2]}{E[X]} = \frac{E[X]^2+E[X^2]-E[X]^2}{E[X]} = E[X] + \frac{\mathbb{V}ar(X)}{E[X]} = E[X] + \frac{\sqrt{\mathbb{V}ar(X)}\sqrt{\mathbb{V}ar(X)}}{E[X]}$
$= E[X] + \frac{\sqrt{\mathbb{V}ar(X)}}{E[X]}\frac{\sqrt{\mathbb{V}ar(X)}}{E[X]}E[X] = E[X] + v^2E[X] = (1+v^2)E[X]$.
Hierbei bezeichnet $v := \frac{\sqrt{\mathbb{V}ar(X)}}{E[X]}$ den *Variationskoeffizienten*, welcher in seiner Bedeutung als relatives Streuungsmaß beziehungsweise normierte Varianz eine wichtige Kenngröße in der Statistik ist.
$\mathcal{L}^H$ wäre in diesem Fall wie folgt definiert:
$\mathcal{L}^H := \{X \in \mathcal{L}^1(\mathbb{R}_+) \mid X \in \mathcal{L}^1(\mathbb{R}), X^2 \in \mathcal{L}^1(\mathbb{R}), P(\{XE[X] > E[X^2]\}) > 0\}$

$$= \{X \in \mathcal{L}^1(\mathbb{R}_+) \mid X \in \mathcal{L}^1(\mathbb{R}), X^2 \in \mathcal{L}^1(\mathbb{R}), P(\{X > \tfrac{E[X^2]}{E[X]}\}) > 0\}$$
$$= \{X \in \mathcal{L}^1(\mathbb{R}_+) \mid X \in \mathcal{L}^1(\mathbb{R}), X^2 \in \mathcal{L}^1(\mathbb{R}), P(\{X > (1 + v^2)E[X]\}) > 0\}.$$

4 Prämien und Verlustfunktionen

Im Folgenden beschäftigen wir uns mit sogenannten Verlustfunktionen. Der Zusammenhang zu Prämienprinzipien ist dabei hergestellt, da sich herausstellt, dass einige der bisher vorgestellten Prämienprinzipien durch das Minimieren einer Verlustfunktion begründet werden können.
Hierzu führt man Verlustfunktionen folgendermaßen ein:

Definition 4.1. Sei $\mathcal{L} \subseteq \mathcal{L}^0(\mathbb{R}_+)$ eine Klasse von Risiken und $L : \mathcal{L} \times \mathbb{R}_+ \longrightarrow \mathbb{R}_+$ eine Abbildung. Dabei soll $L(X, a)$ den Verlust des Versicherungsunternehmens beschreiben, der bei Wahl der Prämie $a \in \mathbb{R}_+$ für das Risiko $X \in \mathcal{L}$ entsteht. Für jedes $X \in \mathcal{L}$ heißt nun $L_X : \mathbb{R}_+ \longrightarrow \mathbb{R}_+$ mit $L_X(a) := L(X, a)$ *Verlustfunktion.* Diese gilt es zu minimieren.

Nun werden wir für einige der bisher vorgestellten Prämienprinzipien Verlustfunktionen angeben, welche durch Minimierung auf eine Prämie nach dem entsprechenden Prämienprinzip führen.

4.1 Das Nettoprämien-Prinzip

Sei $L_X : \mathbb{R}_+ \longrightarrow \mathbb{R}_+$ mit $L_X(a) := E[(X - a)^2]$ die Verlustfunktion für $X \in \mathcal{L}^2(\mathbb{R}_+)$.

Satz 4.2. *Sei $X \in \mathcal{L}^2(\mathbb{R}_+)$. Dann hat die Verlustfunktion L_X das eindeutige Minimum an der Stelle $a^* := E[X]$.*

Beweis. Es gilt aufgrund der Linearität des Erwartungswertes:
$\frac{dL_X}{da}(a) = \frac{d(E[(X-a)^2])}{da} = \frac{d(E[X^2]-2aE[X]+a^2)}{da} = -2E[X] + 2a$ sowie
$-2E[X] + 2a = 0 \Leftrightarrow a = E[X]$ und weiterhin
$\frac{d^2L_X}{da^2}(a) = 2 > 0.$ □

Mit Satz 4.2 folgt, dass das Minimieren der Verlustfunktion L_X auf die Prämie nach dem Nettoprämien-Prinzip für alle $X \in \mathcal{L}^2(\mathbb{R}_+)$ mit $P(\{X > E[X]\}) > 0$ führt.
$P(\{X > E[X]\}) > 0$ war dabei beim Nettoprämien-Prinzip eine Forderung an ein Risiko X (siehe Definition 2.11).

4.2 Das Erwartungswert-Prinzip

Sei $L_X : \mathbb{R}_+ \longrightarrow \mathbb{R}_+$ mit $L_X(a) := E[((1+\gamma)X - a)^2]$ die Verlustfunktion für $X \in \mathcal{L}^2(\mathbb{R}_+)$ und $\gamma \in \mathbb{R}_+$.

Satz 4.3. *Sei $X \in \mathcal{L}^2(\mathbb{R}_+)$. Dann hat die Verlustfunktion L_X das eindeutige Minimum an der Stelle $a^* := (1+\gamma)E[X]$.*

Beweis. Es gilt aufgrund der Linearität des Erwartungswertes:
$\frac{dL_X}{da}(a) = \frac{d(E[((1+\gamma)X-a)^2])}{da} = \frac{d(E[((1+\gamma)X)^2]-2a(1+\gamma)E[X]+a^2)}{da} = -2(1+\gamma)E[X]+2a$ sowie
$-2(1+\gamma)E[X]+2a = 0 \Leftrightarrow a = (1+\gamma)E[X]$ und weiterhin
$\frac{d^2L_X}{da^2}(a) = 2 > 0$ □

Mit Satz 4.3 folgt, dass das Minimieren der Verlustfunktion L_X auf die Prämie nach dem Erwartungswert-Prinzip für alle $X \in \mathcal{L}^2(\mathbb{R}_+)$ mit $P(\{X > (1+\gamma)E[X]\}) > 0$ führt. $P(\{X > (1+\gamma)E[X]\}) > 0$ war dabei beim Erwartungswert-Prinzip eine Forderung an ein Risiko X (siehe Definition 3.1).

4.3 Das Mittelwert-Prinzip

Sei $L_X : \mathbb{R}_+ \longrightarrow \mathbb{R}_+$ mit $L_X(a) := E[(g(X)-g(a))^2]$ die Verlustfunktion für eine streng monoton wachsende und konvexe Funktion $g : \mathbb{R}_+ \longrightarrow \mathbb{R}_+$ und
$X \in \mathcal{L} := \{X \in \mathcal{L}^0(\mathbb{R}_+) | g(X) \in \mathcal{L}^2(\mathbb{R})\}$.

Satz 4.4. *Sei $X \in \mathcal{L}$. Dann hat die Verlustfunktion L_X das eindeutige Minimum an der Stelle $a^* := g^{-1}(E[g(X)])$.*

Beweis. Da g streng monoton wachsend ist, können wir anstatt $L_X : \mathbb{R}_+ \longrightarrow \mathbb{R}_+$ mit $L_X(a) := E[(g(X)-g(a))^2]$ genauso gut die Verlustfunktion $L_X^g : g(\mathbb{R}_+) \longrightarrow \mathbb{R}_+$ mit $L_X^g(b) := E[(g(X)-b)^2]$ minimieren. Dies hat den entscheidenden Vorteil, dass wir nun Satz 4.2 anwenden können. Denn nach Satz 4.2 hat die Verlustfunktion L_X^g das eindeutige Minimum an der Stelle $b^* := E[g(X)]$. Insbesondere gilt $b^* \in g(\mathbb{R}_+)$.
Da g streng monoton wachsend ist, können wir weiterhin folgern, dass es ein eindeutig bestimmtes $a^* \in \mathbb{R}_+$ gibt mit $b^* = g(a^*)$. Schließlich folgt: $a^* = g^{-1}(b^*) = g^{-1}(E[g(X)])$. Zur Wohldefiniertheit und Umkehrabbildung g^{-1} siehe Bemerkung 3 in Abschnitt 3.6. □

Mit Satz 4.4 folgt, dass das Minimieren der Verlustfunktion L_X auf die Prämie nach dem Mittelwert-Prinzip bezüglich g für alle $X \in \mathcal{L}^1(\mathbb{R}_+)$ mit $P(\{X > E[X]\}) > 0$ und $g(X) \in \mathcal{L}^2(\mathbb{R})$ führt. $P(\{X > E[X]\}) > 0$ war dabei beim Mittelwert-Prinzip eine Forderung an ein Risiko X (siehe Definition 3.11) während die Bedingung $g(X) \in \mathcal{L}^2(\mathbb{R})$ sicherstellt, dass die Definition von $L_X(a)$ sinnvoll ist.

4.4 Das Esscher-Prinzip

Sei $L_X : \mathbb{R}_+ \longrightarrow \mathbb{R}_+$ mit $L_X(a) := E[(X-a)^2 g(X))]$ die Verlustfunktion für eine streng monoton wachsende Funktion $g : \mathbb{R}_+ \longrightarrow \mathbb{R}_+$ und
$X \in \mathcal{L} := \{X \in \mathcal{L}^0(\mathbb{R}_+) | g(X) \in \mathcal{L}^2(\mathbb{R}), X^2 g(X) \in \mathcal{L}^1(\mathbb{R}), E[g(X)] > 0\}$.
Bei den bisher vorgestellten Verlustfunktionen war die Wohldefiniertheit aus den gestellten Forderungen sofort ersichtlich, doch hier ist zunächst einmal nicht klar, ob $L_X(a)$ wohldefiniert ist.
Aus der Linearität des Erwartungswertes ergibt sich
$L_X(a) = E[(X-a)^2 g(X))] = E[(X^2 - 2aX + a^2)g(X)] = E[X^2 g(X)] - 2aE[Xg(X)] + a^2 E[g(X)]$.
In der Definition von $\mathcal{L}$ ist bereits gefordert, dass $X^2 g(X) \in \mathcal{L}^1(\mathbb{R})$. Damit $L_X(a)$ wohldefiniert ist muss also gelten: $Xg(X) \in \mathcal{L}^1(\mathbb{R})$ und $g(X) \in \mathcal{L}^1(\mathbb{R})$. Um dies zu zeigen benötigen wir einen Hilfssatz (siehe diesen unter [10, Lemma 4.2.4 und Satz 4.2.5]).

Satz 4.5. *Seien $X, Y \in \mathcal{L}^2(\mathbb{R})$. Dann gilt $XY \in \mathcal{L}^1(\mathbb{R})$. Weiterhin gilt $\mathcal{L}^2(\mathbb{R}) \subseteq \mathcal{L}^1(\mathbb{R})$.*

Beweis. Seien $X, Y \in \mathcal{L}^2(\mathbb{R})$. Dann gilt $X^2, Y^2 \in \mathcal{L}^1(\mathbb{R})$ und aufgrund der Linearität des Erwartungswertes $X^2 + Y^2 \in \mathcal{L}^1(\mathbb{R})$. Weiterhin gilt folgende Abschätzung:
$XY \leq |XY| = |XY| 1_{\{|X| \leq |Y|\}} + |XY| 1_{\{|X| > |Y|\}} \leq Y^2 + X^2$ und $XY \in \mathcal{L}^1(\mathbb{R})$ folgt aus der Monotonie des Erwartungswertes.
Setzt man $Y := 1$, so folgt $X \in \mathcal{L}^1(\mathbb{R})$ direkt aus dem bereits bewiesenen ersten Teil der Behauptung. □

Mit Hilfe dieses Satzes können wir nun folgendermaßen argumentieren:
Sei hierzu $X \in \mathcal{L}$. Aus $g(X) \in \mathcal{L}^2(\mathbb{R})$ folgt mit Satz 4.5 $g(X) \in \mathcal{L}^1(\mathbb{R})$. Es bleibt also noch zu zeigen, dass $Xg(X) \in \mathcal{L}^1(\mathbb{R})$.
Aus $g(X) \in \mathcal{L}^1(\mathbb{R})$ folgt $\sqrt{g(X)} \in \mathcal{L}^2(\mathbb{R})$ und aus $X^2 g(X) \in \mathcal{L}^1(\mathbb{R})$, dass
$\sqrt{X^2 g(X)} = X\sqrt{g(X)} \in \mathcal{L}^2(\mathbb{R})$. Jetzt können wir wieder mit Hilfe von Satz 4.5 folgern, dass $Xg(X) = X\sqrt{g(X)}\sqrt{g(X)} \in \mathcal{L}^1(\mathbb{R})$.

Satz 4.6. *Sei $X \in \mathcal{L}$. Dann hat die Verlustfunktion L_X das eindeutige Minimum an der Stelle $a^* := \frac{E[Xg(X)]}{E[g(X)]}$.*

Beweis. Es gilt: $\frac{dL_X}{da}(a) = \frac{d(E[(X-a)^2 g(X))])}{da} = \frac{d(E[X^2 g(X)] - 2aE[Xg(X)] + a^2 E[g(X)])}{da}$
$= -2E[Xg(X)] + 2aE[g(X)]$ sowie
$-2E[Xg(X)] + 2aE[g(X)] = 0 \Leftrightarrow a = \frac{E[Xg(X)]}{E[g(X)]}$ und weiterhin
$\frac{d^2 L_X}{da^2}(a) = 2E[g(X)] \underbrace{>}_{X \in \mathcal{L}} 0.$ □

Mit Satz 4.6 folgt, dass das Minimieren der Verlustfunktion L_X auf die Prämie nach dem Esscher-Prinzip bezüglich g für alle $X \in \mathcal{L}^1(\mathbb{R}_+)$ mit $g(X) \in \mathcal{L}^2(\mathbb{R})$, $X^2 g(X) \in \mathcal{L}^1(\mathbb{R})$ und $P(\{XE[g(X)] > E[Xg(X)]\}) > 0$ führt. Dabei war $P(\{XE[g(X)] > E[Xg(X)]\}) > 0$ beim Esscher-Prinzip eine Forderung an ein Risiko X (siehe Definition 3.15).

Bemerkung 6. (i): Um die Prämie $H(X)$ durch Minimieren einer geeigneten Verlustfunktion $L_X(a)$ zu erhalten, sind Forderungen an die Existenz und Endlichkeit von Momenten nötig. Diese sind im Allgemeinen jedoch stärker als diejenigen Bedingungen, die bei der Definition der Klasse der unter einem gegebenen Prämienprinzip H versicherbaren Risiken $\mathcal{L}^H$ gefordert werden.
Dadurch ist es möglich, dass für ein gegebenes Prämienprinzip H die Prämie $H(X)$ nicht für jedes versicherbares Risiko durch Minimieren einer geeigneten Verlustfunktion $L_X(a)$ bestimmbar ist.
Beispielsweise existiert für einige explizite Prämienprinzipien, welche in Kapitel 3 untersucht wurden, keine Verlustfunktion, mit der man für wenigstens einige der unter dem Prämienprinzip versicherbaren Risiken die Prämie durch Minimieren dieser Verlustfunktion bestimmen könnte.
(ii): Die Minimalstelle a^* ist invariant unter streng monotoner Transformation der Verlustfunktion $L_X(a)$, also insbesondere unter Addition einer Konstante oder Multiplikation mit einer strikt positiven Konstanten. Daher können verschiedene Verlustfunktionen dieselbe Prämie bestimmen. Die Verlustfunktion bezüglich eines Prämienprinzips ist also keineswegs eindeutig.

4.5 Erfahrungstarifierung

Erfahrungstarifierung ist ein sehr umfangreiches Thema, welches zu weit für diese Arbeit gehen würde. Da die Erfahrungstarifierung sich jedoch zu einem Grundprinzip der Versicherungsmathematik entwickelt hat (siehe hierzu auch [9, Zusammenfassung]), möchte ich an dieser Stelle zumindest die Grundidee und den Zusammenhang zu Verlustfunktionen kurz erläutern.

Das Ziel der Erfahrungstarifierung ist, für ein Risiko mit der zufälligen zukünftigen Schadenhöhe X eine Prämie festzusetzen. Hierzu hat man eine Stichprobe $X_1, \ldots, X_n$ der vergangenen Schadenhöhen des Risikos beobachtet. Die Prämie soll nun auch durch Minimieren einer Verlustfunktion $L_X : \triangle \longrightarrow \mathbb{R}_+$ bestimmt werden. Dabei ist $\triangle$ eine Klasse von *zulässigen Prämien*. Der entscheidende Unterschied zum bisherigen Vorge-

hen besteht nun darin, dass diese zulässigen Prämien als Zufallsvariablen modelliert werden, welche von einer Stichprobe $X_1, \ldots, X_n$ der vergangenen Schadenhöhen des Risikos abhängen können. Dadurch wird auch die Verlustfunktion $L_X : \triangle \longrightarrow \mathbb{R}_+$ zu einer Zufallsvariable und Risiken mit a priori gleicher Verteilung jedoch unterschiedlichem Schadenverlauf können unterschiedlich tarifiert werden.
Bei den zuvor betrachteten Verlustfunktionen galt $\triangle = \mathbb{R}_+$ und die zulässigen Prämien waren konstant, weshalb sie auch nicht von einer Stichprobe $X_1, \ldots, X_n$ der vergangenen Schadenhöhen des Risikos abhingen.

5 Prämien und Nutzenfunktionen

In diesem Kapitel beschäftigen wir uns mit Nutzenfunktionen und deren Anwendung im sogenannten Nullnutzenprinzip, um Prämien festzusetzen.
Zunächst sollte geklärt werden, was wir in diesem Kontext unter einer Nutzenfunktion verstehen. Dies führt auf folgende Definition:

Definition 5.1. Sei $u : J \longrightarrow \mathbb{R}$ eine Funktion, wobei $J \subseteq \mathbb{R}$ eine konvexe Menge ist. Dann heißt u *Nutzenfunktion*, wenn sie streng monoton wachsend und konkav ist.

Die grundlegende Idee von Nutzenfunktionen ist, dem *Gewinn* $H(X) - X$ des Versicherungsunternehmens einen Nutzen numerischer Art zuzuordnen.
Die strenge Monotonie bedeutet, dass zusätzlicher Gewinn mit zusätzlichem Nutzen bewertet wird - eine äußerst naheliegende Forderung. Der Grenznutzen ist immer positiv. Die Konkavität sichert einen abnehmenden Grenznutzen - auch eine sehr sinnvolle und weitverbreitete Forderung. Beispielsweise bedeuten 20 € Gewinn statt 10 € Gewinn eine Gewinnsteigerung von 100%, während 1010 € Gewinn statt 1000 € Gewinn nur eine Gewinnsteigerung von 1% bedeuten, obwohl die absolute Gewinnsteigerung jeweils die gleiche wäre. Verluste werden durch die Konkavität überproportional bestraft. (Siehe zu diesem Abschnitt auch [2])

Desweiteren brauchen wir die Ungleichung von Jensen für konkave Funktionen.

Satz 5.2. *Sei $X \subset \mathcal{L}^1(\mathbb{R})$ und $c : \mathbb{R} \longrightarrow \mathbb{R}$ eine konkave Funktion mit $c(X) \in \mathcal{L}^1(\mathbb{R})$. Dann gilt $c(E[X]) \geq E[c(X)]$.*

Beweis. c ist nach Voraussetzung konkav, also ist die Funktion $(-c)$ konvex. Damit können wir die bekannte Ungleichung von Jensen für konvexe Funktionen anwenden und erhalten:
$E[(-c)(X)] \geq (-c)(E[X]) \Leftrightarrow -E[c(X)] \geq -c(E[X]) \Leftrightarrow E[c(X)] \leq c(E[X])$. □

Der folgende Satz wird benötigt, um im Anschluss das Nullnutzen-Prinzip sinnvoll definieren zu können. Weiterhin garantiert er eine geforderte Eigenschaft für Prämienprinzip.

Satz 5.3. *Es sei $X \in \mathcal{L}^1(\mathbb{R}_+)$ eine Zufallsvariable mit $E[X] > 0$ und $u : \mathbb{R} \longrightarrow \mathbb{R}$ eine Nutzenfunktion mit $u(-X) \in \mathcal{L}^1(\mathbb{R})$.*
Dann ist die Funktion $U_X : \mathbb{R}_+ \longrightarrow \mathbb{R}$ mit $U_X(a) := E[u(a - X)]$ auch eine Nutzenfunktion.
Falls $\sup_{a \in \mathbb{R}_+} E[u(a - X)] > u(0)$ hat die Gleichung $E[u(a - X)] = u(0)$ eine eindeutige Lösung $a^* \in \mathbb{R}_+$ mit $E[X] \leq a^*$.

Beweis. Zunächst sollten wir uns überlegen, ob U_X überhaupt wohldefiniert ist. Hierzu müssen wir überprüfen, ob $E[u(a-X)] < \infty$ für alle $a \in \mathbb{R}_+$ gilt.
u ist nach Voraussetzung eine Nutzenfunktion, also insbesondere streng monoton wachsend. Daraus folgt für alle $a \in \mathbb{R}_+$: $u(-X) \leq u(a-X)$ (i)
und $u(a-X) \leq u(a)$ (ii).
Aus (i) folgt $-u(a-X) \leq -u(-X) \leq |u(-X)| \leq |u(a)| + |u(-X)|$ (iii) und aus (ii) folgt $u(a-X) \leq |u(a)| \leq |u(a)| + |u(-X)|$ (iv).
Mit (iii) und (iv) folgt nun $|u(a-X)| \leq |u(a)| + |u(-X)|$. Da nach Voraussetzung $u(-X) \in \mathcal{L}^1(\mathbb{R})$, gilt $E[u(a-X)] < \infty$.
Nun ist zu zeigen, dass U_X streng monoton wachsend und konkav ist. u ist streng monoton wachsend in a, also auch $u(a-X)$. Aufgrund der Monotonie des Erwartungswertes folgt, dass U_X streng monoton wachsend in a ist.
Die Konkavität von U_X können wir auf die Konkavität von u zurückführen:
Seien hierzu $a, b \in \mathbb{R}_+$ und $\lambda \in (0,1)$. Dann gilt:

$$U_X(\lambda a + (1-\lambda)b) = E[u(\lambda a + (1-\lambda)b - X)] = E[u(\lambda(a-X) + (1-\lambda)(b-X)]$$
$$\underbrace{\geq}_{u \text{ konkav}} E[\lambda u(a-X) + (1-\lambda)u(b-X)]$$
$$\underbrace{=}_{\text{Linearität des Erwartungswertes}} \lambda E[u(a-X)] + (1-\lambda)E[u(b-X)] = \lambda U_X(a) + (1-\lambda)U_X(b).$$

U_X ist also eine Nutzenfunktion.
Gelte nun $\sup_{a\in\mathbb{R}_+} E[u(a-X)] > u(0)$ und sei $a' := E[X] > 0$. Dann gilt:

$$U_X(a') = E[u(a'-X)] \underbrace{\leq}_{\text{Satz 5.2 und } u \text{ konkav}} u(E[a'-X])$$
$$\underbrace{=}_{\text{Linearität des Erwartungswertes}} u(E[X]-E[X]) = u(0) < \sup_{a\in\mathbb{R}_+} E[u(a-X)] = \sup_{a\in\mathbb{R}_+} U_X(a).$$

Da $\sup_{a\in\mathbb{R}_+} U_X(a) > u(0)$ gibt es ein $a'' \in \mathbb{R}_+$ mit $U_X(a'') > u(0) \geq U_X(a')$ und aus der bereits gezeigten strengen Monotonie von U_X folgt $a' \leq a''$.
Da eine konkave Funktion in jedem inneren Punkt ihres Definitionsbereiches stetig ist, ist U_X stetig auf $(0,\infty)$. Damit können wir den Zwischenwertsatz anwenden und erhalten die Existenz eines $a^* \in [a', a''] \subseteq (0,\infty)$ mit $U_X(a^*) = u(0)$.
Die strenge Monotonie von U_X liefert nun die Eindeutigkeit von a^* und es gilt
$E[X] = a' \leq a^*$, womit alle Behauptungen gezeigt wären. □

Nach diesen Vorbereitungen können wir das Nullnutzen-Prinzip sinnvoll definieren.

Definition 5.4. Es sei $X \in \mathcal{L}^1(\mathbb{R}_+)$ eine Zufallsvariable und $u : \mathbb{R} \longrightarrow \mathbb{R}$ eine Nutzenfunktion mit $u(-X) \in \mathcal{L}^1(\mathbb{R})$. Ferner gelte $\sup_{a\in\mathbb{R}_+} E[u(a-X)] > u(0)$ und $h(X)$ bezeichne die eindeutige Lösung der Gleichung $E[u(a-X)] = u(0)$ für jedes $X \in \mathcal{L}^1(\mathbb{R}_+)$.

Weiterhin sei $\mathcal{L}^H$ die Klasse der versicherbaren Risiken mit $\mathcal{L}^H := \{X \in \mathcal{L}^1(\mathbb{R}_+)| u(-X) \in \mathcal{L}^1(\mathbb{R}), \sup_{a\in\mathbb{R}_+} E[u(a-X)] > u(0), P(\{X > E[X]\}) > 0\}$. Die Funktion $H : \mathcal{L}^H \longrightarrow \mathbb{R}_+$ mit $H(X) := h(X)$ heißt dann *Nullnutzen-Prinzip* bezüglich u.

Das Nullnutzen-Prinzip bestimmt die Höhe der Prämie also genau so, dass bei gegebener Nutzenfunktion der erwartete Nutzen des Gewinns dem Nutzen ohne Versicherungstätigkeit entspricht.

Um zu beweisen, dass das Nullnutzen-Prinzip ein Prämienprinzip ist, benötigen wir einen Hilfssatz (siehe diesen unter [10, Lemma 4.1.2]).

Satz 5.5. *Sei* $X \in \mathcal{L}^0(\mathbb{R}_+)$. *Dann gilt:* $P(\{X = 0\}) = 1$ (a) $\Leftrightarrow$ $E[X] = 0$ (b).

Beweis. " $\Rightarrow$ " gilt offensichtlich.
" $\Leftarrow$ ": Es gilt: $0 = E[X] = \sum_{x\in X(\Omega)} xP(\{X = x\}) \underbrace{=}_{X\in\mathcal{L}^0(\mathbb{R}_+)} \sum_{x\in X(\Omega)\cap(0,\infty)} xP(\{X = x\})$.
Da x in der Summe nur positive Werte annehmen kann, die gesamte Summe jedoch 0 ergeben soll, muss gelten für alle $x \in X(\Omega) \cap (0,\infty) : P(\{X = x\}) = 0$, was gleichbedeutend ist zu $P(\{X \neq 0\}) = 0$.
Es folgt $1 = P(\Omega) = P(\{X = 0\}) + P(\{X \neq 0\}) = P(\{X = 0\})$. □

Der folgende Satz zeigt nun, dass wir so ein Prämienprinzip definiert haben.

Satz 5.6. *Das Nullnutzen-Prinzip ist ein Prämienprinzip.*

Beweis. Wir zeigen, dass die Bedingungen für ein Prämienprinzip erfüllt sind:
Seien $X, Y \in \mathcal{L}^H$ beliebig und $u : \mathbb{R} \longrightarrow \mathbb{R}$ eine entsprechende Nutzenfunktion. Weiterhin sei $a^* = h(X)$, was durch die Notation in Satz 5.3 und Definition 5.4 gerechtfertigt ist.
(i) Aus $P_X = P_Y$ folgt $E[u(a - X)] = E[u(a - Y)]$ und damit $h(X) = h(Y)$, also $H(X) = H(Y)$.
(ii) Aus Satz 5.3 folgt $H(X) = h(x) = a^* \geq E[X]$.
(iii) Wir führen einen Widerspruchsbeweis und nehmen zunächst an, dass $P(\{X > h(X)\}) = 0 \Leftrightarrow P(\{X > a^*\}) = 0$ $(*)$. Dann gilt:

$$0 = E[u(a^* - X)] - E[u(a^* - X)] \underbrace{=}_{\text{Definition von } a^*} E[u(a^* - X)] - u(0)$$

$$\underbrace{=}_{\text{Linearität des Erwartungswertes}} E[u(a^* - X) - u(0)] =$$

$$E[1_{X<a^*} u(a^* - X) - u(0)] + \underbrace{E[1_{\{X=a^*\}} u(a^* - X) - u(0)]}_{=0} + \underbrace{E[1_{\{X>a^*\}} u(a^* - X) - u(0)]}_{=0 \text{ wegen } (*)}$$

$$= E[1_{\{X<a^*\}} u(a^* - X) - u(0)].$$

u ist nach Voraussetzung streng monoton wachsend, daher gilt $u(a^* - X) - u(0) > 0$ für $X < a^*$ und somit $1_{\{X<a^*\}}u(a^* - X) - u(0) \geq 0$. Wir können Satz 5.5 anwenden, welcher uns $P(\{1_{\{X<a^*\}}u(a^* - X) - u(0) = 0\}) = 1$ liefert. Da $u(a^* - X) - u(0) > 0$ für $X < a^*$ gilt, folgt nun zwingend $P(\{1_{\{X<a^*\}} = 0\}) = 1$, also $P(\{X < a^*\}) = 0$.
Insgesamt folgt nun $1 = P(\Omega) = \underbrace{P(\{X < a^*\})}_{=0} + P(\{X = a^*\}) + \underbrace{P(\{X > a^*\})}_{=0}$
$= P(\{X = a^*\})$.
X ist also konstant und mit Satz 2.6 folgt $X \notin \mathcal{L}^H$. ↯
Die Annahme $P(\{X > h(X)\}) = 0$ ist also falsch und es gilt
$P(\{X > H(X)\}) = P(\{X > h(X)\}) > 0$. □

Beispiele 1. (Nullnutzen-Prinzip)
Für zwei spezielle Nutzenfunktionen stimmt das Nullnutzen-Prinzip mit bereits bekannten Prämienprinzipien überein.
(1) **Nettoprämien-Prinzip:** Sei $u : \mathbb{R} \longrightarrow \mathbb{R}$ mit $u(x) = x$ eine Nutzenfunktion. Dann entspricht das Nullnutzen-Prinzip bezüglich u dem Nettoprämien-Prinzip.
Denn dann gilt $E[u(a - X)] = u(0) \Leftrightarrow E[a - X] = 0 \Leftrightarrow a = E[X]$.
Weiterhin gilt $\frac{du}{dx}(x) = 1 > 0$ und $\frac{d^2u}{dx^2}(a) = 0 \leq 0$, was bedeutet, dass u sowohl streng monoton wachsend als auch konkav ist und damit die Bedingungen an eine Nutzenfunktion erfüllt.
(2) **Exponential-Prinzip:** Sei $u : \mathbb{R} \longrightarrow \mathbb{R}$ mit $u(x) = \frac{1}{\gamma}(1 - e^{-\gamma x})$ eine Nutzenfunktion für $\gamma \in (0, \infty)$. Dann entspricht das Nullnutzen-Prinzip bezüglich u zum Parameter γ dem Exponential-Prinzip zum Parameter γ.
Denn es gilt:
Das Exponential-Prinzip zum Parameter γ entspricht dem Mittelwert-Prinzip bezüglich g für $g(x) = e^{\gamma x}$ mit $\gamma \in (0, \infty)$. Daraus folgt $g^{-1}(x) = \frac{1}{\gamma}ln(x)$ und somit
$H(X) = g^{-1}(E[g(X)]) = \frac{1}{\gamma}ln(E[e^{\gamma X}])$.
Nun bestimmen wir die Prämie nach dem Nullnutzen-Prinzip bezüglich u
für $u(x) = \frac{1}{\gamma}(1 - e^{-\gamma x})$ mit $\gamma \in (0, \infty)$. Daher muss $a^* := H(X)$ folgende Gleichung erfüllen: $E[\frac{1}{\gamma}(1 - e^{-\gamma(a^* - X)})] = 0$. Nun gilt:
$E[\frac{1}{\gamma}(1 - e^{-\gamma(a^*-X)})] = 0 \Leftrightarrow \frac{1}{\gamma}E[1 - e^{-\gamma(a^*-X)}] = 0 \Leftrightarrow 1 - E[e^{-\gamma(a^*-X)}] = 0$
$\Leftrightarrow E[e^{-\gamma a^*}e^{\gamma X}] = 1 \Leftrightarrow E[e^{\gamma X}] = \frac{1}{e^{-\gamma a^*}} = e^{\gamma a^*} \Leftrightarrow ln(E[e^{\gamma X}]) = \gamma a^*$
$\Leftrightarrow H(X) = a^* = \frac{1}{\gamma}ln(E[e^{\gamma X}])$.
Weiterhin gilt $\frac{du}{dx}(x) = e^{-\gamma X} > 0$ und $\frac{d^2u}{dx^2}(a) = -\gamma e^{-\gamma X} < 0$ da $\gamma \in (0, \infty)$. Dies bedeutet, dass u sowohl streng monoton wachsend als auch konkav ist und damit die Bedingungen an eine Nutzenfunktion erfüllt.

Der folgende Satz liefert eine Charakterisierung, welche Risiken unter einem Nullnutzen-Prinzip auf jeden Fall versicherbar sind.

Satz 5.7. *Sei $u : \mathbb{R} \longrightarrow \mathbb{R}$ eine Nutzenfunktion, $\mathcal{L}^H$ definiert wie in Definition 5.4 und $H : \mathcal{L}^H \longrightarrow \mathbb{R}_+$ ein Nullnutzen-Prinzip bezüglich u wie in Definition 5.4.*
Dann sind alle beschränkten Risiken $X \in \mathcal{L}^0(\mathbb{R}_+)$ mit $\mathbb{V}ar(X) > 0$ in L^H enthalten.

Beweis. Wir zeigen $X \in \mathcal{L}^H = \{X \in \mathcal{L}^1(\mathbb{R}_+) | u(-X) \in \mathcal{L}^1(\mathbb{R}),$
$\sup_{a\in\mathbb{R}_+} E[u(a - X)] > u(0), P(\{X > E[X]\}) > 0\}$.
Da $X \in \mathcal{L}^0(\mathbb{R}_+)$ beschränkt ist, gilt $X \in \mathcal{L}^1(\mathbb{R}_+)$. Da $X \in \mathcal{L}^0(\mathbb{R}_+)$ beschränkt ist, ist auch $u(-X)$ beschränkt und es gilt $u(-X) \in \mathcal{L}^1(\mathbb{R})$.
Weiterhin gilt aufgrund von $\mathbb{V}ar(X) > 0$, dass $P(\{X > E[X]\}) > 0$. Es ist also nur noch zu zeigen, dass $\sup_{a\in\mathbb{R}_+} E[u(a - X)] > u(0)$.
Sei hierzu $a \in \mathbb{R}_+$ mit $P(\{X > a^*\}) = 0$ und $P(\{X < a^*\}) > 0$. Die Existenz solch eines a^* ist garantiert, denn X ist nach Voraussetzung beschränkt und $\mathbb{V}ar(X) > 0$. Nun gilt:
$E[u(a^* - X)] = \sum_{x\in T_X} u(a^* - x)P(\{X = x\})$
$\underbrace{>}_{u \text{ streng monoton wachsend}} \sum_{x\in T_X} u(0)P(\{X = x\}) = u(0)\sum_{x\in T_X} P(\{X = x\}) = u(0)$, wobei T_X der *Träger* von X ist, also die Menge aller Realisationen, die X mit strikt positiver Wahrscheinlichkeit annehmen kann. □

Definition 5.8. Seien $u : \mathbb{R} \longrightarrow \mathbb{R}$ und $\tilde{u} : \mathbb{R} \longrightarrow \mathbb{R}$ zwei Nutzenfunktionen. Sie heißen *äquivalent*, wenn $\alpha, \beta \in \mathbb{R}$ existieren, so dass $\tilde{u}(x) = \alpha + \beta u(x)$ für alle $x \in \mathbb{R}$ gilt.

Bemerkung 7. Aufgrund der strengen Monotonie von Nutzenfunktionen gilt für äquivalente Nutzenfunktionen immer $\beta > 0$. Denn für $\beta = 0$ wäre $\tilde{u}$ konstant ($\lightning$) und für $\beta < 0$ wäre $\tilde{u}$ streng monoton fallend ($\lightning$).

Die folgenden beiden Sätze sind sehr nützlich für die Kalkulation von Prämien nach dem Nullnutzen-Prinzip.

Satz 5.9. (a) *Die Äquivalenz von Nutzenfunktionen ist eine Äquivalenzrelation.*
(b) *Prämien nach Nullnutzen-Prinzipien bezüglich äquivalenten Nutzenfunktionen stimmen überein.*

Beweis. Zu (a): Seien $u : \mathbb{R} \longrightarrow \mathbb{R}, \tilde{u} : \mathbb{R} \longrightarrow \mathbb{R}$ und $\hat{u} : \mathbb{R} \longrightarrow \mathbb{R}$ drei Nutzenfunktionen.
Reflexivität: es gilt $u(x) = 0 + 1u(x)$, wobei $0, 1 \in \mathbb{R}$ und $1 > 0$. Eine Nutzenfunktion ist also immer zu sich selbst äquivalent.
Symmetrie: Seien u und $\tilde{u}$ äquivalent. Dann gilt: $\tilde{u}(x) = \alpha + \beta u(x)$

$\Leftrightarrow \tilde{u}(x) - \alpha = \beta u(x) \underbrace{\Leftrightarrow}_{\beta>0} \frac{\tilde{u}(x)-\alpha}{\beta} = u(x) \Leftrightarrow u(x) = -\frac{\alpha}{\beta} + \frac{1}{\beta}\tilde{u}(x)$, wobei $\alpha, \beta, -\frac{\alpha}{\beta}, \frac{1}{\beta} \in \mathbb{R}$ und $\beta, \frac{1}{\beta} > 0$.

Transitivität: Seien u und $\tilde{u}$ äquivalent und seien $\tilde{u}$ und $\hat{u}$ äquivalent. Dann gilt also $\tilde{u}(x) = \alpha + \beta u(x)$ und $\hat{u}(x) = \alpha' + \beta' \tilde{u}(x)$, wobei $\alpha, \beta, \alpha', \beta' \in \mathbb{R}$ und $\beta, \beta' > 0$. Daraus folgt $\hat{u} = \alpha' + \beta'(\alpha + \beta u(x)) = \alpha' + \beta'\alpha + \beta'\beta u(x) = \alpha'' + \beta'' u(x)$ mit $\alpha'' = \alpha' + \beta'$ und $\beta'' = \beta'\beta$, wobei $\alpha'', \beta'' \in \mathbb{R}$ und $\beta'' > 0$. $\Longrightarrow$ $\hat{u}$ und u sind äquivalent.

Zu (b): Seien $u : \mathbb{R} \longrightarrow \mathbb{R}, \tilde{u} : \mathbb{R} \longrightarrow \mathbb{R}$ zwei äquivalente Nutzenfunktionen, $\mathcal{L}^H$ definiert wie in Definition 5.4 und $H : \mathcal{L}^H \longrightarrow \mathbb{R}_+$ ein Nullnutzen-Prinzip bezüglich einer Nutzenfunktion wie in Definition 5.4.

Dann erfüllt die Prämie a^* nach dem Nullnutzen-Prinzip bezüglich u die Gleichung $E[u(a^* - X)] = u(0)$ und die Prämie $\tilde{a}$ nach dem Nullnutzen-Prinzip bezüglich $\tilde{u}$ die Gleichung $E[\tilde{u}(\tilde{a} - X)] = \tilde{u}(0)$. Weiterhin gilt aufgrund der Äquivalenz von u und $\tilde{u}$ $\tilde{u}(x) = \alpha + \beta u(x)$ für alle $x \in \mathbb{R}$, wobei $\alpha, \beta \in \mathbb{R}$ und $\beta > 0$.

Nun gilt: $E[\tilde{u}(\tilde{a} - X)] = \tilde{u}(0) \Leftrightarrow E[\alpha + \beta u(\tilde{a} - X)] = \alpha + \beta u(0)$
$\Leftrightarrow \alpha + \beta E[u(\tilde{a} - X)] = \alpha + \beta u(0) \underbrace{\Leftrightarrow}_{\beta>0} E[u(\tilde{a} - X)] = u(0)$.

a^* und $\tilde{a}$ erfüllen also die gleiche Gleichung und stimmen somit überein. □

Satz 5.10. *Für eine differenzierbare Nutzenfunktion $u : \mathbb{R} \longrightarrow \mathbb{R}$ gilt $u'(0) > 0$.*

Beweis. Seien $x, y \in \mathbb{R}$ mit $x < y$. Aus der Differenzierbarkeit von u folgt die Stetigkeit und somit sind die Voraussetzungen für den Mittelwertsatz der Differentialrechnung erfüllt. So existiert ein $z \in (x, y)$ mit $\frac{u(y)-u(x)}{y-x} = u'(z)$.

Weiterhin folgt aus der Konkavität von u, dass u' monoton fallend ist. Da $x \leq z$ gilt also $\frac{u(y)-u(x)}{y-x} \leq u'(x)$. Aufgrund der strengen Monotonie von u gilt $u(y) - u(x) > 0$ und somit insgesamt $u'(x) > 0$. Setzen wir $x := 0$, folgt die Behauptung. □

Bemerkung 8. Wegen Satz 5.9 können wir uns auf die Betrachtung von Nutzenfunktionen $u : \mathbb{R} \longrightarrow \mathbb{R}$ mit $u(0) = 0$ beschränken. Denn gälte $u(0) = r$ für ein beliebiges $r \in \mathbb{R}$, so könnten wir statt u die zu u äquivalente Nutzenfunktion $\tilde{u} : \mathbb{R} \longrightarrow \mathbb{R}$ mit $\tilde{u}(x) = -r + u(x)$ zur Berechnung heranziehen. Dann gälte $\tilde{u}(0) = -r + r = 0$.

Dies kann als eine Art Normierung verstanden werden.

Wegen Satz 5.9 und Satz 5.10 können wir uns im Fall der Differenzierbarkeit auf die Betrachtung von Nutzenfunktionen $u : \mathbb{R} \longrightarrow \mathbb{R}$ mit $u'(0) = 1$ beschränken. Denn gälte $u'(0) = r$ für ein beliebiges $r > 0$, so könnten wir statt u die zu u äquivalente Nutzenfunktion $\tilde{u} : \mathbb{R} \longrightarrow \mathbb{R}$ mit $\tilde{u}(x) = \frac{1}{r}u(x)$ zur Berechnung heranziehen. Satz 5.10 garantiert hierbei, dass $r > 0$ und damit auch $\frac{1}{r} > 0$, so dass u und $\tilde{u}$ wirklich äquivalent sind.

Es gälte dann $\tilde{u}'(0) = \frac{r}{r} = 1$. Dies kann ebenfalls als eine Art Normierung verstanden werden.

Eine gewünschte Eigenschaft an ein Prämienprinzip war die positive Homogenität. Der folgende Satz gibt Auskunft darüber, für welche Nutzenfunktionen dies der Fall ist.

Satz 5.11. *Sei der Wahrscheinlichkeitsraum $(\Omega, \mathcal{F}, P)$ so gewählt, dass für jedes $\vartheta \in (0,1)$ eine Zufallsvariable $X : \Omega \longrightarrow \mathbb{R}$ existiert mit $X \sim Bin(1, \vartheta)$.*
Sei weiterhin $u : \mathbb{R} \longrightarrow \mathbb{R}$ eine stetig differenzierbare Nutzenfunktion mit $u(0) = 0$ und $u'(0) = 1$.
Dann sind die drei Aussagen äquivalent :
(a) *Das Nullnutzen-Prinzip bezüglich u ist positiv homogen.*
(b) *Das Nullnutzen-Prinzip bezüglich u ist proportional.*
(c) *Es gilt $u(x) = x$ für alle $x \in \mathbb{R}$.*

Beweis. Zunächst sind die Forderungen $u(0) = 0$ und $u'(0) = 1$ an u nach Bemerkung 8 keine Einschränkung der Allgemeinheit, erweisen sich für die Beweisführung jedoch als äußerst nützlich.
Wir zeigen die Äquivalenz per Ringschluss (a) $\Longrightarrow$ (b) $\Longrightarrow$ (c) $\Longrightarrow$ (a).
(a) $\Longrightarrow$ (b) folgt direkt aus der Definition von positiver Homogenität und Proportionalität, siehe auch Bemerkung 2.
(c) $\Longrightarrow$ (a): Für $u(x) = x$ für alle $x \in \mathbb{R}$ entspricht das Nullnutzen-Prinzip bezüglich u nach Beispiel 1.(1) dem Nettoprämien-Prinzip. Mit Satz 2.13 folgt, dass das Nettoprämien-Prinzip positiv homogen ist und damit (a).
Es ist noch (b) $\Longrightarrow$ (c) zu zeigen. Gelte also (b), das heißt $H(cX) = cH(X)$ für alle $X \in \mathcal{L}^H$ und alle $c \in (0,1)$ mit $cX \in \mathcal{L}^H$.
Dieser etwas aufwendigere Beweis lässt sich folgendermaßen unterteilen:
Zuerst zeigen wir die Gültigkeit der Gleichung $u(cz) = cu(z)$ für alle $z \in (-\infty, 0)$ und für alle $z \in (0, \infty)$, also insgesamt für alle $z \in \mathbb{R}$, um anschließend daraus $u(z) = z$ für alle $z \in \mathbb{R}$ zu folgern.

Wie definieren für $z \in (-\infty, 0)$: $\vartheta_z := \frac{-u(z)}{-u(z)+u(1)}$ und eine Zufallsvariable X_z mit $P(\{X_z = 0\}) := \vartheta_z$, $P(\{X_z = 1 - z\}) := 1 - \vartheta_z$.
Da $u(0) = 0$ und u streng monoton wachsend ist, gilt $-u(z) > 0$, sowie $-u(z) + u(1) > 0$ für alle $z \in (-\infty, 0)$. Daraus folgt, dass $\frac{-u(z)}{-u(z)+u(1)} > 0$.
Weiterhin gilt $\frac{-u(z)}{-u(z)+u(1)} \underbrace{<}_{u(1)>0} \frac{-u(z)+u(1)}{-u(z)+u(1)} = 1$. Es gilt also $0 < \vartheta_z < 1$ für alle $z \in (-\infty, 0)$.

Daher macht die Definition von X_z Sinn und nach Voraussetzung existiert solch eine Zufallsvariable. Desweiteren ist X_z beschränkt und nicht konstant, da die Werte $0 \neq 1 - z$ mit strikt positiven Wahrscheinlichkeiten für alle $z \in (-\infty, 0)$ angenommen werden. Wir können also Satz 5.7 anwenden und erhalten $X_z \in \mathcal{L}^H$. Die Risiken X_z sind demnach bezüglich dem Nullnutzen-Prinzip versicherbar und wir dürfen H auf X_z anwenden. Es gilt:

$$0 = u(0) \underbrace{=}_{\text{Definition des Nullnutzen-Prinzips bezüglich } u} E[u(H(X_z) - X_z)]$$

$$\underbrace{=}_{\text{Definition von } X_z} u(H(X_z))\vartheta_z + u(H(X_z) - 1 + z)(1 - \vartheta_z)$$

$$\underbrace{=}_{\text{Definition von } \vartheta_z} u(H(X_z))\tfrac{-u(z)}{-u(z)+u(1)} + u(H(X_z) - 1 + z)\tfrac{u(1)}{-u(z)+u(1)} \text{ und das ist äquivalent zu}$$

$u(H(X_z))(-u(z)) + u(H(X_z) - 1 + z)u(1) = 0 \Leftrightarrow u(H(X_z))u(z) = u(H(X_z) - 1 + z)u(1)$

Es folgt $H(X_z) = 1$ (*).

Für $c \in (0, 1)$ ist auch cX_z beschränkt und nicht konstant. Wir können also Satz 5.7 anwenden und erhalten $cX_z \in \mathcal{L}^H$. Die Risiken cX_z sind demnach bezüglich dem Nullnutzen-Prinzip versicherbar und wir dürfen H auf cX_z anwenden. Es gilt $H(cX_z) \underbrace{=}_{H \text{ proportional}} cH(X_z) \underbrace{=}_{(*)} c$ und weiter:

$$0 = u(0) = E[u(H(cX_z) - cX_z)] = E[u(c - cX_z)]$$

$$\underbrace{=}_{\text{Definition von } X_z} u(c)\vartheta_z + u(c - c(1 - z))(1 - \vartheta_z)$$

$$\underbrace{=}_{\text{Definition von } \vartheta_z} u(c)\tfrac{-u(z)}{-u(z)+u(1)} + u(cz)\tfrac{u(1)}{-u(z)+u(1)} \text{ und das ist äquivalent zu}$$

$u(c)(-u(z)) + u(cz)u(1) = 0 \Leftrightarrow u(cz) = \frac{u(c)}{u(1)}u(z)$.

Durch Differenzieren der Gleichung nach z erhalten wir für alle $z \in (-\infty, 0)$ $cu'(cz) = \frac{u(c)}{u(1)}u'(z)$ (**). Da u' nach Voraussetzung stetig ist, $u'(0) = 1$ nach Voraussetzung gilt und $c \in (0, 1)$ beschränkt ist, bekommen wir durch den Grenzübergang auf beiden Seiten $z \longrightarrow 0$ folgende Gleichung: $c = \frac{u(c)}{u(1)}$. Setzen wir sie in (**) ein, so folgt $u(cz) = cu(z)$ für alle $z \in (-\infty, 0)$.

Wie definieren für $z \in (0, \infty)$ und $n \in \mathbb{N}$: $\vartheta_z := \frac{-u(-1)}{-u(1)+u(z)}$ und eine Zufallsvariable X_z mit $P(\{X_z = n - z\}) := \vartheta_z$, $P(\{X_z = n + 1\}) := 1 - \vartheta_z$.

Da $u(0) = 0$ und u streng monoton wachsend, gilt $-u(-1) > 0$, sowie $-u(-1) + u(z) > 0$ für alle $z \in (0, \infty)$. Daraus folgt, dass $\frac{-u(-1)}{-u(-1)+u(z)} > 0$.

Für $z \in (0, \infty)$ gilt weiterhin $\frac{-u(-1)}{-u(-1)+u(z)} \underbrace{<}_{u(z)>0} \frac{-u(-1)+u(z)}{-u(-1)+u(z)} = 1$. Es gilt also $0 < \vartheta_z < 1$ für alle $z \in (0, \infty)$. Daher macht die Definition von X_z Sinn und nach Voraussetzung existiert solch eine Zufallsvariable. Desweiteren ist X_z beschränkt und nicht konstant, da die Werte $n - z \neq n + 1$ mit strikt positiven Wahrscheinlichkeiten für alle $z \in (0, \infty)$ angenommen werden. Wir können also Satz 5.7 anwenden und erhalten $X_z \in \mathcal{L}^H$. Die Risiken X_z sind demnach bezüglich dem Nullnutzen-Prinzip versicherbar und wir dürfen H auf X_z anwenden. Es gilt:

$$0 = u(0) \underbrace{=}_{\text{Definition des Nullnutzen-Prinzips bezüglich } u} E[u(H(X_z) - X_z)]$$

$$\underbrace{=}_{\text{Definition von } X_z} u(H(X_z) - n + z)\vartheta_z + u(H(X_z) - n - 1)(1 - \vartheta_z)$$

$$\underbrace{=}_{\text{Definition von } \vartheta_z} u(H(X_z) - n + z)\tfrac{-u(-1)}{-u(1)+u(z)} + u(H(X_z) - n - 1)\tfrac{u(z)}{-u(1)+u(z)}$$

und das ist äquivalent zu $u(H(X_z) - n + z)(-u(-1)) + u(H(X_z) - n - 1)u(z) = 0$
$\Leftrightarrow u(H(X_z) - n + z)u(-1) = u(H(X_z) - n - 1)u(z)$. Es folgt $H(X_z) = n$ (***).
Für $c \in (0, 1)$ ist auch cX_z beschränkt und nicht konstant. Wir können also Satz 5.7 anwenden und erhalten $cX_z \in \mathcal{L}^H$. Die Risiken cX_z sind demnach bezüglich dem Nullnutzen-Prinzip versicherbar und wir dürfen H auf cX_z anwenden. Es gilt $H(cX_z) \underbrace{=}_{H \text{ proportional}} cH(X_z) \underbrace{=}_{(***)} cn$ und weiter:

$$0 = u(0) = E[u(H(cX_z) - cX_z)] = E[u(cn - cX_z)]$$

$$\underbrace{=}_{\text{Definition von } X_z} u(cn - c(n - z))\vartheta_z + u(cn - c(n + 1))(1 - \vartheta_z)$$

$$\underbrace{=}_{\text{Definition von } \vartheta_z} u(cz)\tfrac{-u(-1)}{-u(-1)+u(z)} + u(-c)\tfrac{u(z)}{-u(-1)+u(z)}$$ und das ist äquivalent zu

$u(cz)(-u(-1)) + u(-c)u(z) = 0 \Leftrightarrow u(cz) - \frac{u(-c)}{u(-1)}u(z)$.
Durch Differenzieren der Gleichung nach z erhalten wir für alle $z \in (0, \infty)$
$cu'(cz) = \frac{u(-c)}{u(-1)}u'(z)$ (****). Da u' nach Voraussetzung stetig ist, $u'(0) = 1$ nach Voraussetzung gilt und $c \in (0, 1)$ beschränkt ist, bekommen wir durch den Grenzübergang auf beiden Seiten $z \longrightarrow 0$ folgende Gleichung: $c = \frac{u(-c)}{u(-1)}$. Setzen wir sie in (****) ein, so folgt $u(cz) = cu(z)$ für alle $z \in (0, \infty)$.

Da $u(cz) = cu(z)$ aufgrund der Voraussetzung $u(0) = 0$ auch für $z = 0$ gilt, haben wir damit $u(cz) = cu(z)$ für alle $z \in \{(-\infty, 0) \cup \{0\} \cup (0, \infty)\} = \mathbb{R}$ (*****) gezeigt.
Es gilt nun für alle $z \in \mathbb{R} \setminus 0$ und alle $c \in (0, 1)$:

$$\tfrac{u(z)}{z} = \lim_{n\to\infty} \tfrac{c^n u(z)}{c^n z} \underbrace{=}_{(*****)} \lim_{n\to\infty} \tfrac{u(c^n z)}{c^n z} = \lim_{n\to\infty} \tfrac{u(c^n z) - u(0)}{c^n z} = u'(0) = 1,$$ woraus

$u(z) = z$ folgt. □

Satz 5.11 besagt also, dass das Nullnutzen-Prinzip nur für die Nutzenfunktion $u(x) = x$ positiv homogen ist. Da nach Beispiel 1.(1) das Nullnutzen-Prinzip bezüglich

$u(x) = x$ dem Nettoprämien-Prinzip entspricht, bedeutet dies, dass man unter Forderung der positiven Homogenität (oder auch nur der Proportionalität) durch das Nullnutzen-Prinzip keine zusätzlichen Möglichkeiten der Prämienkalkulation nach einem Prämienprinzip gewinnt.

5.1 Arrow-Pratt-Maß

Es ist bekannt, dass der absolute Arrow-Pratt-Risikoaversionskoeffizient (ARA) ein Maß für die Risikoaversion darstellt. Er ist folgendermaßen definiert:

Definition 5.12. Sei $u : \mathbb{R} \longrightarrow \mathbb{R}$ eine zweimal differenzierbare Nutzenfunktion. Dann heißt die Funktion $ARA : \mathbb{R} \longrightarrow \mathbb{R}_+$ mit $ARA(x) := \frac{-u''(x)}{u'(x)}$ *absoluter Arrow-Pratt-Risikoaversionskoeffizient.*

Es zeigt sich, dass wir mithilfe des Konzepts der Äquivalenz von Nutzenfunktionen und Bemerkung 8 interessante Schlüsse ziehen können. Für Satz 5.14 werden die Normierungen $u(0) = 0$ und $u'(0) = 1$ als Anfangswertbedingungen sehr dienlich sein, um eindeutige Lösungen zu erhalten.

Satz 5.13. *Der absolute Arrow-Pratt-Risikoaversionskoeffizient stimmt für äquivalente zweimal differenzierbare Nutzenfunktionen überein.*

Beweis. Seien $u : \mathbb{R} \longrightarrow \mathbb{R}$ und $\tilde{u} : \mathbb{R} \longrightarrow \mathbb{R}$ zwei äquivalente zweimal differenzierbare Nutzenfunktionen. Es gilt also $\tilde{u}(x) = \alpha + \beta u(x)$, wobei $\alpha, \beta \in \mathbb{R}$ und $\beta > 0$. Daraus folgt $\tilde{u}'(x) = \beta u'(x)$ und $\tilde{u}''(x) = \beta u''(x)$ und somit $\frac{-\tilde{u}''(x)}{\tilde{u}'(x)} = \frac{-\beta u''(x)}{\beta u'(x)} = \frac{-u''(x)}{u'(x)}$. □

Satz 5.14. *Sei $u : \mathbb{R} \longrightarrow \mathbb{R}$ eine zweimal differenzierbare Nutzenfunktion mit $u(0) = 0$ und $u'(0) = 1$. Dann gilt:*
Der absolute Arrow-Pratt-Risikoaversionskoeffizient ist konstant
(u ist CARA-Nutzenfunktion) ⇔ Es gilt für alle $x \in \mathbb{R}$: $u(x) = x$ oder $u(x) = \frac{1}{k}(1-e^{-kx})$ mit $k \in (0, \infty)$.

Beweis. "⇒": Sei $ARA(x)$ konstant, es gilt also $\frac{-u''(x)}{u'(x)} = k$, wobei $k \geq 0$ aufgrund der strengen Monotonie und Konkavität von u.
Fall 1: $k > 0$. Es gilt $\frac{-u''(x)}{u'(x)} = k \Leftrightarrow u''(x) = -ku'(x)$. Wir haben also eine Differenzialgleichung 2. Ordnung vom Typ $u'' = f(u', x)$ (hängt nicht von u ab) und können sie daher als Differenzialgleichung 1. Ordnung der Funktion $p := u'$ behandeln. Es folgt also $p'(x) = -kp(x) \Leftrightarrow \frac{dp(x)}{dx} = -kp(x) \Leftrightarrow \frac{dp(x)}{p(x)} = -kdx \Leftrightarrow ln(p(x)) = -kx + c_1$ mit $c_1 \in \mathbb{R}$ $\Leftrightarrow p(x) = e^{-kx+c_1} \Leftrightarrow u'(x) = e^{-kx+c_1}$. Aufgrund der Anfangswertbedingung $u'(0) = 1$

gilt $c_1 = 0$ und damit $u^{'}(x) = e^{-kx} \Leftrightarrow u(x) = -\frac{1}{k}(e^{-kx}) + c_2$ mit $c_2 \in \mathbb{R}$. Aufgrund der Anfangswertbedingung $u(0) = 0$ gilt $c_2 = \frac{1}{k}$ und damit $u(x) = \frac{1}{k}(1 - e^{-\ kx})$.
Fall 2: $k = 0$. Es gilt $\frac{-u^{''}(x)}{u^{'}(x)} = 0 \Leftrightarrow u^{''}(x) = 0 \Leftrightarrow u^{'} = c_3$ mit $c_3 \in \mathbb{R}$. Aufgrund der Anfangswertbedingung $u^{'}(0) = 1$ gilt $c_3 = 1$ und damit $u^{'}(x) = 1 \Leftrightarrow u(x) = x + c_4$ mit $c_4 \in \mathbb{R}$. Aufgrund der Anfangswertbedingung $u(0) = 0$ gilt $c_4 = 0$ und damit $u(x) = x$.
"$\Leftarrow$": Sei $u(x) = x$. Es gilt also $u^{'}(x) = 1$ und $u^{''}(x) = 0$. Daraus folgt $\frac{-u^{''}(x)}{u^{'}(x)} = 0$, $ARA(x)$ ist also konstant.
Sei $u(x) = \frac{1}{k}(1 - e^{-\ kx})$ mit $k \in (0, \infty)$. Es gilt also $u^{'}(x) = e^{-kx}$ und $u^{''}(x) = -ke^{-kx}$. Daraus folgt $\frac{-u^{''}(x)}{u^{'}(x)} = \frac{ke^{-kx}}{e^{-kx}} = k$, $ARA(x)$ ist also konstant. □

Unter den Normierungsbedingungen $u(0) = 0$ und $u^{'}(0) = 1$ kommen als CARA-Nutzenfunktionen also nur $u(x) = x$ oder $u(x) = \frac{1}{k}(1 - e^{-\ kx})$ mit $k \in (0, \infty)$ in Frage.

6 Die Aufteilung der Prämie

Da ein Versicherungsunternehmen nicht nur ein Risiko versichert, sondern einen großen Bestand von Risiken, erweitern wir nun unser Modell.

Definition 6.1. Sei $\{X_i\}_{i\in\{1,...,n\}} \subseteq \mathcal{L}^0(\mathbb{R}_+)$ mit $n \geq 2$ eine Familie von Zufallsvariablen. Dann heißt $S(n) := \sum_{i=1}^n X_i$ der *Gesamtschaden des Bestandes.*
Dabei ist n die *Größe des Bestandes* von Risiken und
X_i die *Schadenhöhe von Risiko* $i \in \{1, ..., n\}$.

Bemerkung 9. Es gilt $S(n) \in \mathcal{L}^0(\mathbb{R}_+)$, da $\mathcal{L}^0(\mathbb{R}_+)$ ein Vektorraum ist.

Sei $S(n) \in \mathcal{L}^H$ und $H : \mathcal{L}^H \longrightarrow \mathbb{R}_+$ ein Prämienprinzip. Die *Prämie für den Gesamtschaden des Bestandes* ist demnach $H(S(n)) = H(\sum_{i=1}^n X_i)$.
In diesem Kapitel werden wir uns nun damit beschäftigen, wie sich die Prämie für den Gesamtschaden des Bestandes auf die einzelnen Risiken $\{X_i\}_{i\in\{1,...,n\}}$ des Bestandes aufteilt und dabei weitere Eigenschaften von Prämienprinzipien kennenlernen.

6.1 Ausgleich im Kollektiv

Der Ausgleich im Kollektiv beschreibt im Wesentlichen folgende Tatsache (siehe zu diesem Abschnitt auch [4, Seite 15f], [7, Seite 38-42, 48], [11]): Ceteris Paribus kann bei steigender Bestandsgröße die Streuung des Gesamtrisikos zwar absolut gesehen steigen, relativ zum kollektiven Gesamtschadenerwartungswert gesehen nimmt sie jedoch ab. Das bedeutet mathematisch, dass der Variationskoeffizient mit steigender Bestandsgröße abnimmt, was sich im Fall von unabhängig identisch verteilten Zufallsvariablen leicht zeigen lässt:
Seien $X_1, ..., X_n \in \mathcal{L}^2(\mathbb{R}_+)$ unabhängig identisch verteilt. Dann gilt $E[S(n)] = nE[X_1]$ und $\mathbb{V}ar(S(n)) = \sum_{i=1}^n \mathbb{V}ar(X_i) = n\mathbb{V}ar(X_1)$. Somit folgt für den Variationskoeffizienten $v(S(n)) = \frac{\sqrt{\mathbb{V}ar(S(n))}}{E[S(n)]} = \frac{\sqrt{n\mathbb{V}ar(X_1)}}{nE[X_1]} = \frac{\sqrt{\mathbb{V}ar(X_1)}}{\sqrt{n}E[X_1]} = \frac{1}{\sqrt{n}}v(X_1)$.
Für $n \longrightarrow \infty$ konvergiert der Variationskoeffizient gegen 0. Da dieser als Streuungsmaß für Versicherungsbestände benutzt wird, bedeutet dies, dass man in diesem Fall das Streuungsrisiko beliebig klein bekommen kann (vergleiche [5, Aufgabe 38, Seite 121 und Lösung Aufgabe 38, Seite 151]).

Dieser Risikoausgleich im Kollektiv kann dazu führen, dass das Versicherungsunternehmen den versicherten Gesamtschaden günstiger finanzieren kann und damit die Prämien für den einzelnen Versicherungsnehmer niedriger sind, als wenn das Versicherungsunternehmen jedes Risiko einzeln und nicht in Kollektiven versichern würde.

6.2 Additive Prämienprinzipien

Definition 6.2. Sei $H : \mathcal{L}^H \longrightarrow \mathbb{R}_+$ ein Prämienprinzip. Gilt $H(\sum_{i=1}^n X_i) = \sum_{i=1}^n H(X_i)$ für alle $n \in \mathbb{N}$ und für jede unabhängige Familie $\{X_i\}_{i\in\{1,\dots,n\}} \subseteq \mathcal{L}^H$ mit $\sum_{i=1}^n X_i \in \mathcal{L}^H$, so heißt H *additiv.*

Unter Voraussetzung der Unabhängigkeit der Familie von Risiken $\{X_i\}_{i\in\{1,\dots,n\}}$ teilt sich unter einem additiven Prämienprinzip die Prämie für den Gesamtschaden des Bestandes auf die einzelnen Risiken $\{X_i\}_{i\in\{1,\dots,n\}}$ des Bestandes also so auf, dass für jedes einzelne Risiko aus dem Bestand die Prämie nach dem gleichen Prämienprinzip kalkuliert wird.

Bemerkung 10. Für unabhängige und damit auch unkorrelierte Zufallsvariablen ist die Varianz additiv. Daher könnte die Eigenschaft der Additivität eines Prämienprinzips sinnvoll erscheinen. Dem ist jedoch nicht so, da durch Benutzung eines additiven Prämienprinzips kein Ausgleich im Kollektiv möglich ist.
Die Prämie für jedes einzelne Risiko ist unter einem additiven Prämienprinzip unabhängig von der Größe des Bestandes und es macht auch keinen Sinn, Bestände von Risiken zu bilden. Denn sowohl für das Versicherungsunternehmen als auch die Versicherungsnehmer ist es unter einem additiven Prämienprinzip egal, ob die Prämie für ein Risiko einzeln oder innerhalb eines großen Kollektivs kalkuliert wird. Ein wesentliches Grundprinzip des Versicherungswesens ist also verletzt.

Satz 6.3. *Die Folgenden der bisher betrachteten Prämienprinzipien sind additiv:*
(i) Das Nettoprämien-Prinzip.
(ii) Das Erwartungswert-Prinzip.
(iii) Das Varianz-Prinzip.
(iv) Das Exponential-Prinzip.
(v) Das spezielle Esscher-Prinzip.

Beweis. Sei $H : \mathcal{L}^H \longrightarrow \mathbb{R}_+$ immer das jeweilige Prämienprinzip und $\mathcal{L}^H$ entsprechend definiert. Weiterhin sei die Familie von Risiken $\{X_i\}_{i\in\{1,\dots,n\}}$ unabhängig (*).
Zu (i): Es gilt $H(\sum_{i=1}^n X_i) = E[\sum_{i=1}^n X_i] = \sum_{i=1}^n E[X_i] = \sum_{i=1}^n H(X_i)$.
Zu (ii): Es gilt $H(\sum_{i=1}^n X_i) = (1+\gamma)E[\sum_{i=1}^n X_i] = (1+\gamma)\sum_{i=1}^n E[X_i] = \sum_{i=1}^n (1+\gamma)E[X_i] = \sum_{i=1}^n H(X_i)$.
Zu (iii): Es gilt $H(\sum_{i=1}^n X_i) = E[\sum_{i=1}^n X_i] + \gamma\mathbb{V}ar(\sum_{i=1}^n X_i)$

$\underbrace{=}_{(*)} \sum_{i=1}^n E[X_i] + \gamma \sum_{i=1}^n \mathbb{V}ar(X_i) = \sum_{i=1}^n E[X_i] + \gamma \mathbb{V}ar(X_i) = \sum_{i=1}^n H(X_i)$.

Zu (iv): Nach Beispiele 1.(2) gilt für das Exponential-Prinzip $H(X) = \frac{1}{\gamma} ln(E[e^{\gamma X}])$.
Es gilt $H(\sum_{i=1}^n X_i) = \frac{1}{\gamma} ln(E[e^{\gamma \sum_{i=1}^n X_i}]) = \frac{1}{\gamma} ln(E[\prod_{i=1}^n e^{\gamma X_i}]) \underbrace{=}_{(*)} \frac{1}{\gamma} ln(\prod_{i=1}^n E[e^{\gamma X_i}])$

$= \sum_{i=1}^n \frac{1}{\gamma} ln(E[e^{\gamma X_i}]) = \sum_{i=1}^n H(X_i)$.

Zu (v): Es gilt $H(\sum_{i=1}^n X_i) = \frac{E[\sum_{i=1}^n X_i \, e^{\gamma \sum_{i=1}^n X_i}]}{E[e^{\gamma \sum_{i=1}^n X_i}]} = \frac{E[\sum_{i=1}^n (X_i e^{\gamma \sum_{i=1}^n X_i})]}{E[e^{\gamma \sum_{i=1}^n X_i}]}$

$\underbrace{=}_{(*)} \frac{\sum_{i=1}^n E[X_i e^{\gamma \sum_{i=1}^n X_i}]}{\prod_{i=1}^n E[e^{\gamma X_i}]} \underbrace{=}_{(*)} \frac{\sum_{i=1}^n (E[X_i] E[e^{\gamma \sum_{i=1}^n X_i}])}{\prod_{i=1}^n E[e^{\gamma X_i}]} \underbrace{=}_{(*)} \frac{\sum_{i=1}^n (E[X_i] \prod_{i=1}^n E[e^{\gamma X_i}])}{\prod_{i=1}^n E[e^{\gamma X_i}]}$. □

6.3 Subadditive Prämienprinzipien

Definition 6.4. Sei $H : \mathcal{L}^H \longrightarrow \mathbb{R}_+$ ein Prämienprinzip. Gilt $H(\sum_{i=1}^n X_i) \leq \sum_{i=1}^n H(X_i)$ für alle $n \in \mathbb{N}$ und für jede Familie $\{X_i\}_{i \in \{1,\dots,n\}} \subseteq \mathcal{L}^H$ mit $\sum_{i=1}^n X_i \in \mathcal{L}^H$, so heißt H *subadditiv.*

Unter einem subadditiven Prämienprinzip kann die Prämie für den Gesamtschaden des Bestandes auf die einzelnen Risiken $\{X_i\}_{i \in \{1,\dots,n\}}$ des Bestandes also so aufgeteilt werden, dass die zugeteilte Prämie für ein einzelnes Risiko i kleiner oder gleich $H(X_i)$ ist. Ein Ausgleich im Kollektiv kann also stattfinden (vergleiche 6.1).

Satz 6.5. *Die Folgenden der bisher betrachteten Prämienprinzipien sind subadditiv:*
(i) Das Nettoprämien-Prinzip.
(ii) Das Erwartungswert-Prinzip.
(iii) Das Standardabweichung-Prinzip.
(iv) Das Semistandardabweichung-Prinzip.

Beweis. Sei $H : \mathcal{L}^H \longrightarrow \mathbb{R}_+$ immer das jeweilige Prämienprinzip und $\mathcal{L}^H$ entsprechend definiert. Die Familie von Risiken $\{X_i\}_{i \in \{1,\dots,n\}}$ ist nun nicht als unabhängig vorausgesetzt.
Zu (i): Es gilt $H(\sum_{i=1}^n X_i) = E[\sum_{i=1}^n X_i] = \sum_{i=1}^n E[X_i] = \sum_{i=1}^n H(X_i)$. Also insbesondere auch $H(\sum_{i=1}^n X_i) \leq \sum_{i=1}^n H(X_i)$.
Zu (ii): Es gilt $H(\sum_{i=1}^n X_i) = (1+\gamma) E[\sum_{i=1}^n X_i] = (1+\gamma) \sum_{i=1}^n E[X_i]$
$= \sum_{i=1}^n (1+\gamma) E[X_i] = \sum_{i=1}^n H(X_i)$. Also insbesondere auch $H(\sum_{i=1}^n X_i) \leq \sum_{i=1}^n H(X_i)$.
Zu (iii): Es gilt $H(\sum_{i=1}^n X_i) = E[\sum_{i=1}^n X_i] + \gamma \sqrt{\mathbb{V}ar(\sum_{i=1}^n X_i)}$
$= E[\sum_{i=1}^n X_i] + \gamma \sqrt{\sum_{i=1}^n \mathbb{V}ar(X_i) + 2 \sum_{i=1}^{n-1} \sum_{j=i+1}^n Cov(X_i, X_j)}$. □

Beispiele 2. Betrachten wir nun die Aufteilung der Prämie anhand des Standardabweichung-Prinzip zum Parameter γ:

Zunächst nehmen wir an, dass die Risiken des Bestandes $\{X_i\}_{i\in\{1,...,n\}} \in \mathcal{L}^H$ unabhängig sind (**). Dies entspricht dem *individuellen Modell.* Weiterhin definieren wir für alle $i \in \{1,...,n\}$ $\gamma_{i,n} := \gamma\sqrt{\frac{\mathbb{V}ar(X_i)}{\sum_{j=1}^n \mathbb{V}ar(X_j)}}$.

Es folgt nun $H(S(n)) = E[\sum_{i=1}^n X_i] + \gamma\sqrt{\mathbb{V}ar(\sum_{i=1}^n X_i)}$
$\underbrace{=}_{(**)} \sum_{i=1}^n E[X_i] + \gamma\sqrt{\sum_{i=1}^n \mathbb{V}ar(X_i)} = \sum_{i=1}^n E[X_i] + \gamma\frac{\sum_{i=1}^n \mathbb{V}ar(X_i)}{\sqrt{\sum_{j=1}^n \mathbb{V}ar(X_j)}}$
$= \sum_{i=1}^n E[X_i] + \frac{\gamma}{\sum_{j=1}^n \mathbb{V}ar(X_j)} \sum_{i=1}^n \sqrt{\mathbb{V}ar(X_i)}\sqrt{\mathbb{V}ar(X_i)}$
$= \sum_{i=1}^n E[X_i] + \sum_{i=1}^n \gamma\sqrt{\frac{\mathbb{V}ar(X_i)}{\sum_{j=1}^n \mathbb{V}ar(X_j)}}\sqrt{\mathbb{V}ar(X_i)} = \sum_{i=1}^n E[X_i] + \sum_{i=1}^n \gamma_{i,n}\sqrt{\mathbb{V}ar(X_i)}$
$= \sum_{i=1}^n (E[X_i] + \gamma_{i,n}\sqrt{\mathbb{V}ar(X_i)})$.

Da nach Voraussetzung $\{X_i\}_{i\in\{1,...,n\}} \in \mathcal{L}^H$, gilt $P(\{X_i > E[X_i] + \gamma\sqrt{\mathbb{V}ar(X_i)}\}) > 0$ für alle $i \in \{1,...,n\}$ und $\gamma \in \mathbb{R}_+$, weshalb die $\{X_i\}_{i\in\{1,...,n\}}$ nicht konstant sein dürfen. Es gilt also $\sqrt{\frac{\mathbb{V}ar(X_i)}{\sum_{j=1}^n \mathbb{V}ar(X_j)}} < 1$ und damit $\gamma_{i,n} < \gamma$ für alle $i \in \{1,...,n\}$. Daraus folgt
$\sum_{i=1}^n (E[X_i] + \gamma_{i,n}\sqrt{\mathbb{V}ar(X_i)}) < \sum_{i=1}^n (E[X_i] + \gamma\sqrt{\mathbb{V}ar(X_i)}) = \sum_{i=1}^n H(X_i)$, also insgesamt $H(\sum_{i=1}^n X_i) < \sum_{i=1}^n H(X_i)$.

Durch die Aufteilung der Gesamtprämie $H(S(n)) = \sum_{i=1}^n (E[X_i] + \gamma_{i,n}\sqrt{\mathbb{V}ar(X_i)})$ in die Prämie $E[X_i] + \gamma_{i,n}\sqrt{\mathbb{V}ar(X_i)}$ auf jedes einzelne Risiko ergibt sich also eine geringere Prämie als wenn die Prämie für jedes einzelne Risiko separat nach dem Standardabweichung-Prinzip kalkuliert werden würde. Diese aufgeteilte Prämie nimmt mit steigender Bestandsgröße weiter ab, im Grenzfall für $n \longrightarrow \infty$ ergibt sich als aufgeteilte Prämie $E[X_i]$. Die Bildung eines Bestandes ist in diesem Fall also sehr sinnvoll, es kommt zu einem Ausgleich im Kollektiv.

Sei nun die Familie von Risiken $\{X_i\}_{i\in\{1,...,n\}}$ nicht nur unabhängig, sondern auch identisch verteilt (***). Dies entspricht dem *individuellen Modell für einen homogenen Bestand.* Nun ist $\gamma_{i,n} = \gamma\sqrt{\frac{\mathbb{V}ar(X_i)}{\sum_{j=1}^n \mathbb{V}ar(X_j)}} \underbrace{=}_{(***)} \gamma\frac{1}{\sqrt{n}}$ für alle $i \in \{1,...,n\}$. Damit gilt das Gleiche wie im Fall zuvor und es findet ein Ausgleich im Kollektiv statt.

Wie wir sehen, spielt der Parameter $\gamma_{i,n}$ bei der Aufteilung der Prämie auf die einzelnen Risiken des Bestandes eine wichtige Rolle, er ist ein Maß dafür, wie stark die aufgeteilte Prämie abnimmt. Man könnte die Prämie auf die Risiken des Bestandes auch anders aufteilen, jedoch ist diese sehr natürlich. Denn der Parameter $\gamma_{i,n}$ gibt den Anteil der Varianz von Risiko i an der Varianz des Gesamtschadens an.

6.4 Das Kovarianz-Prinzip

Im Abschnitt zuvor haben wir anhand des Standardabweichung-Prinzips beispielhaft gesehen, wie sich die Prämie für einen Bestand von unabhängigen Risiken aufteilen lässt.

Im Folgenden wollen wir dieses Vorgehen auf alle Prämienprinzipien verallgemeinern. Eine Anwendung auf Bestände mit abhängigen Risiken ist auch möglich.

Sei nun $H : \mathcal{L}^H \longrightarrow \mathbb{R}_+$ ein beliebiges Prämienprinzip. Wir definieren
$R(S(n)) := H(S(n)) - E[S(n)]$ und können nun $H(S(n))$ folgendermaßen darstellen:
es gilt: $H(S(n)) = E[S(n)] + R(S(n)) = \sum_{i=1}^n E[X_i] + \frac{R(S(n))}{\mathbb{V}ar(S(n))}\mathbb{V}ar(S(n))$
$= \sum_{i=1}^n E[X_i] + \frac{R(S(n))}{\mathbb{V}ar(S(n))}Cov(\sum_{i=1}^n X_i, S(n))$
$\underbrace{=}_{\text{Linearität der Kovarianz}} \sum_{i=1}^n E[X_i] + \frac{R(S(n))}{\mathbb{V}ar(S(n))}\sum_{i=1}^n Cov(X_i, S(n))$
$= \sum_{i=1}^n E[X_i] + \sum_{i=1}^n \frac{Cov(X_i,S(n))}{\mathbb{V}ar(S(n))}R(S(n)) = \sum_{i=1}^n (E[X_i] + \alpha_{i,n}R(S(n)))$,
wobei $\alpha_{i,n} := \frac{Cov(X_i,S(n))}{\mathbb{V}ar(S(n))}$. $R(S(n))$ kann hierbei als erwarteter Gewinn für den Bestand aufgefasst werden.

Definition 6.6. Diese Zerlegung der Gesamtschadenprämie heißt Zerlegung nach dem *Kovarianz-Prinzip*.

Es ist hierbei zu beachten, dass die Prämie für Risiko i in Höhe von $E[X_i]+\alpha_{i,n}R(S(n)))$ nicht nur von der Verteilung der Schadenhöhe von Risiko i, sondern auch von der gemeinsamen Verteilung der Schadenhöhen aller Risiken des Bestandes abhängig ist. Daher ist das Kovarianz-Prinzip auch kein Prämienprinzip, denn die Prämie für Risiko i nach einem Prämienprinzip darf nur von der Verteilung der Schadenhöhe von Risiko i abhängen.

Die Abhängigkeitsstruktur der Risiken des Bestandes wirkt sich wesentlich auf die Aufteilung der Prämie nach dem Kovarianz-Prinzip aus. Wir betrachten drei verschiedene Fälle:
(1) Seien die Risiken des Bestandes paarweise positiv korreliert. Dann gilt für alle
$i \in \{1, ..., n\} : Cov(X_i, S(n)) \geq 0$ und damit $\alpha_{i,n} \geq 0$.
Es wird also ein positiver Sicherheitszuschlag erhoben.
(2) Individuelles Modell: Seien die Risiken des Bestandes unabhängig (****). Dann gilt für alle $i \in \{1, ..., n\} : \alpha_{i,n} = \frac{Cov(X_i,S(n))}{\mathbb{V}ar(S(n))} \underbrace{=}_{\text{Linearität der Kovarianz}} \frac{\sum_{j=1}^n Cov(X_i,X_j)}{\mathbb{V}ar(S(n))} \underbrace{=}_{(****)} \frac{\mathbb{V}ar(X_i)}{\sum_{j=1}^n \mathbb{V}ar(X_j)}$.
In diesem Fall würde auch die schwächere Bedingung genügen, dass die Risiken des Bestandes paarweise unkorreliert sind, da nur diese Eigenschaft benutzt wurde.
(3) Individuelles Modell für einen homogenen Bestand: Seien die Risiken des Bestandes unabhängig identisch verteilt. Dann gilt für alle $i \in \{1, ..., n\} : \alpha_{i,n} = \frac{Cov(X_i,S(n))}{\mathbb{V}ar(S(n))}$
$\underbrace{=}_{\text{Linearität der Kovarianz}} \frac{\sum_{j=1}^n Cov(X_i,X_j)}{\mathbb{V}ar(S(n))} \underbrace{=}_{\text{Unabhängigkeit der Risiken}} \frac{\mathbb{V}ar(X_i)}{\sum_{j=1}^n \mathbb{V}ar(X_j)}$

$$\underbrace{=}_{\text{Risiken sind identisch verteilt}} \frac{\mathbb{V}ar(X_i)}{n\mathbb{V}ar(X_i)} = \frac{1}{n}.$$

Das Kovarianz-Prinzip erfüllt also die wichtige natürliche Forderung, dass im individuellen Modell für einen homogenen Bestand für alle Risiken die gleiche Prämie festgesetzt wird.
In diesem Fall würde auch die schwächere Bedingung genügen, dass die Risiken des Bestandes paarweise unkorreliert sind und alle Risiken die gleiche Varianz haben, da nur diese Eigenschaften benutzt wurden.

Bemerkung 11. Bei der Definition des Kovarianz-Prinzips wurden an ein Prämienprinzip keinerlei Bedingungen gestellt. Allerdings ist eine Anwendung nur für diejenigen Prämienprinzipien sinnvoll, die den Sicherheitszuschlag in Abhängigkeit von der Varianz des Risikos berechnen. Denn bei der Aufteilung der Prämie nach dem Kovarianz-Prinzip wird der Sicherheitszuschlag nach dem Anteil der Varianz eines Risikos an der Varianz des Gesamtschadens bestimmt.

Wir haben gesehen, dass sich die Abhängigkeitsstruktur der Risiken des Bestandes wesentlich auf die Aufteilung der Prämie nach dem Kovarianz-Prinzip auswirkt. Natürlich hängt die Aufteilung der Prämie nach dem Kovarianz-Prinzip auch von dem verwendeten Prämienprinzip ab. Daher wollen wir nun die Aufteilung der Prämie nach dem Kovarianz-Prinzip beispielhaft für drei verschiedene Prämienprinzipien im individuellen Modell untersuchen.

Satz 6.7. *Sei $H : \mathcal{L}^H \longrightarrow \mathbb{R}_+$ das Varianz-Prinzip zum Parameter γ und $\{X_i\}_{i\in\{1,\dots,n\}}$ ein Bestand von unabhängigen Risiken, dessen Prämie nach dem Kovarianz-Prinzip aufgeteilt wird. Dann ergibt sich für Risiko i die aufgeteilte Prämie $E[X_i] + \gamma\mathbb{V}ar(X_i)$.*

Beweis. Es gilt $H(S(n)) = E[S(n)] + \gamma\mathbb{V}ar(S(n))$ und damit $R(S(n)) = \gamma\mathbb{V}ar(S(n))$. Daraus folgt für die nach dem Kovarianz-Prinzip aufgeteilte Prämie $E[X_i] + \alpha_{i,n}R(S(n))$

$$\underbrace{=}_{\text{individuelles Modell}} E[X_i] + \frac{\mathbb{V}ar(X_i)}{\mathbb{V}ar(S(n))}\gamma\mathbb{V}ar(S(n)) = E[X_i] + \gamma\mathbb{V}ar(X_i).$$ □

Da das Varianz-Prinzip ein additives Prämienprinzip ist, verwundert es nicht, dass die aufgeteilte Prämie derjenigen Prämie entspricht, die sich ohne Bestandsbildung für ein Risiko nach dem Varianz-Prinzip ergeben würde. Es findet kein Ausgleich im Kollektiv statt und die Bestandsbildung ist im individuellen Modell sinnlos.

Satz 6.8. *Sei $H : \mathcal{L}^H \longrightarrow \mathbb{R}_+$ das Standardabweichung-Prinzip zum Parameter γ und $\{X_i\}_{i\in\{1,\dots,n\}}$ ein Bestand von unabhängigen Risiken, dessen Prämie nach dem Kovarianz-Prinzip aufgeteilt wird. Dann ergibt sich für Risiko i die aufgeteilte Prämie*
$E[X_i] + \gamma\sqrt{\frac{\mathbb{V}ar(X_i)}{\sum_{j=1}^n \mathbb{V}ar(X_j)}}\sqrt{\mathbb{V}ar(X_i)}$.

Beweis. Es gilt $H(S(n)) = E[S(n)]+\gamma\sqrt{\mathbb{V}ar(S(n))}$ und damit $R(S(n)) = \gamma\sqrt{\mathbb{V}ar(S(n))}$. Daraus folgt für die nach dem Kovarianz-Prinzip aufgeteilte Prämie $E[X_i]+\alpha_{i,n}R(S(n))$

$$\underbrace{=}_{\text{individuelles Modell}} E[X_i] + \frac{\mathbb{V}ar(X_i)}{\mathbb{V}ar(S(n))}\gamma\sqrt{\mathbb{V}ar(S(n))} = E[X_i] + \gamma\frac{\mathbb{V}ar(X_i)}{\sqrt{\mathbb{V}ar(S(n))}}$$

$$= E[X_i] + \gamma\sqrt{\frac{\mathbb{V}ar(X_i)}{\sum_{j=1}^n \mathbb{V}ar(X_j)}}\sqrt{\mathbb{V}ar(X_i)}.$$ □

Die Aufteilung der Prämie nach dem Kovarianz-Prinzip entspricht also der Herangehensweise wie in den Beispielen 2.

Da nach Voraussetzung $\{X_i\}_{i\in\{1,...,n\}} \in \mathcal{L}^H$, gilt $P(\{X_i > E[X_i]+\gamma\sqrt{\mathbb{V}ar(X_i)}\}) > 0$ für alle $i \in \{1,...,n\}$ und $\gamma \in \mathbb{R}_+$, weshalb die $\{X_i\}_{i\in\{1,...,n\}}$ nicht konstant sein dürfen. Es gilt also $\sqrt{\frac{\mathbb{V}ar(X_i)}{\sum_{j=1}^n \mathbb{V}ar(X_j)}} < 1$ und damit

$E[X_i] + \gamma\sqrt{\frac{\mathbb{V}ar(X_i)}{\sum_{j=1}^n \mathbb{V}ar(X_j)}}\sqrt{\mathbb{V}ar(X_i)} < E[X_i] + \gamma\sqrt{\mathbb{V}ar(X_i)}$ für alle $i \in \{1,...,n\}$.

Da das Standardabweichung-Prinzip ein subadditives Prämienprinzip ist, verwundert es nicht, dass die aufgeteilte Prämie kleiner als diejenige Prämie ist, die sich ohne Bestandsbildung für ein Risiko nach dem Standardabweichung-Prinzip ergeben würde. Es findet ein Ausgleich im Kollektiv statt und die Bestandsbildung ist im individuellen Modell sinnvoll.

Satz 6.9. *Sei $H : \mathcal{L}^H \longrightarrow \mathbb{R}_+$ das Karlsruhe-Prinzip zum Parameter $k = 1$ und $\{X_i\}_{i\in\{1,...,n\}}$ ein Bestand von unabhängigen Risiken, dessen Prämie nach dem Kovarianz-Prinzip aufgeteilt wird. Dann ergibt sich für Risiko i die aufgeteilte Prämie*
$E[X_i] + \frac{E[X_i]}{\sum_{j=1}^n E[X_j]}\frac{\mathbb{V}ar(X_i)}{E[X_i]}$.

Beweis. Es gilt $H(S(n)) = E[S(n)] + \frac{\mathbb{V}ar(S(n))}{E[S(n)]}$ und damit $R(S(n)) = \frac{\mathbb{V}ar(S(n))}{E[S(n)]}$. Daraus folgt für die nach dem Kovarianz-Prinzip aufgeteilte Prämie $E[X_i]+\alpha_{i,n}R(S(n))$

$$\underbrace{=}_{\text{individuelles Modell}} E[X_i] + \frac{\mathbb{V}ar(X_i)}{\mathbb{V}ar(S(n))}\frac{\mathbb{V}ar(S(n))}{E[S(n)]} = E[X_i] + \frac{\mathbb{V}ar(X_i)}{E[\sum_{j=1}^n X_j]} = E[X_i] + \frac{E[X_i]}{\sum_{j=1}^n E[X_j]}\frac{\mathbb{V}ar(X_i)}{E[X_i]}.$$

□

Würde man für ein Risiko i die Prämie ohne Bestandsbildung berechnen, so ergäbe sich (vergleiche Abschnitt 3.8, Bemerkung 5) $H(X_i) = E[X_i] + \frac{\mathbb{V}ar(X_i)}{E[X_i]}$. Da $\frac{E[X_i]}{\sum_{j=1}^n E[X_j]} < 1$ ist also die aufgeteilte Prämie kleiner als diejenige Prämie, die sich ohne Bestandsbildung für ein Risiko nach dem Karlsruhe-Prinzip ergeben würde. Es findet ein Ausgleich im Kollektiv statt und die Bestandsbildung ist im individuellen Modell sinnvoll.

Literatur

[1] Barrels, Sven (2001): *Nullnutzen-, Exponential - und Escherprinzip.* Seminararbeit, München: GRIN Verlag GmbH oder auch URL: http://www.grin.com/de/e-book/99319/nullnutzen-exponential-und-escherprinzip, zuletzt zugegriffen am 01.07.2012.

[2] Dr. Callsen-Bracker, Hans-Markus und Grädler, Martin: *Risikoaversion und Risikoprämien.* URL: http://www.hans-markus.de/finance/101/hauptstudium_eins/risikoaversion_und_risikopraemien/, zuletzt zugegriffen am 01.07.2012.

[3] Prof. Dr. Cottin, Claudia und Prof. Dr. Köhler, Sebastian (2009): *Risikoanalyse. Modellierung, Beurteilung und Management von Risiken mit Praxisbeispielen.* 1. Auflage, Wiesbaden: Vieweg+Teubner.

[4] Feindert, Manuel (2010): *Behandlung von Schadensfällen - Die mathematischen Prinzipien der Schadenversicherung.* Diplomarbeit, Wien, URL: http://othes.univie.ac.at/9199/1/2010-03-18_0405572.pdf, zuletzt zugegriffen am: 21.06.2012.

[5] Prof. Dr. Hipp, Christian (2006): *Risikotheorie 1.* Skript, Karlsruhe, URL: http://insurance.fbv.kit.edu/rd_download/Risikotheorie_1_(Skript_2006_korrigiert).pdf, zuletzt zugegriffen am: 21.06.2012.

[6] Prof. Dr. Pfeifer, Dietmar (2011): *Risikotheorie.* Skript, Oldenburg, URL: http://www.staff.uni-oldenburg.de/dietmar.pfeifer/Skripten/RT.pdf, zuletzt zugegriffen am: 29.06.2012.

[7] Pichler, Michael und Forster, Leo : *Versicherbarkeit, Äquivalenzprinzip und Versicherungstechnisches Risiko.* Referat, Wien, URL: http://www.michaelpichler.net/download/gk1/Referat_Folien.pdf?PHPSESSID=9295059b5c25c323c213adb417db36fd, zuletzt zugegriffen am: 21.06.2012.

[8] Prof. Dr. Riedel, Manfred: *Skript zu Risikotheorie.* Leipzig, URL: http://kolxo3.tiera.ru/_Papers/TU%20Wien%20Scripta/Wirtschaft/Risikotheorie/Risikotheorie_003(de)(106s).pdf, zuletzt zugegriffen am: 21.06.2012.

[9] Prof. Dr. Schmidt, Klaus D. (1992): *Stochastische Modellierung in der Erfahrungstarifierung.* In: Blätter der Deutschen Gesellschaft für Versicherungs- und Finanzmathematik e.V., Volume 20, Nummer 4, Seite 441-445. Berlin Heidelberg NewYork: Springer-Verlag.

[10] Prof. Dr. Schmidt, Klaus D. (2005): *Versicherungsmathematik.* 2. Auflage, Berlin Heidelberg NewYork: Springer-Verlag.

[11] Prof. Dr. Wagner, Fred: *Risikoausgleich.* URL: `http://wirtschaftslexikon.gabler.de/Definition/risikoausgleich.html`, zuletzt zugegriffen am: 21.06.2012.